普通高等教育工业设计专业"十二五"规划教材

产品设计材料与工艺

主编 陈思宇 王军

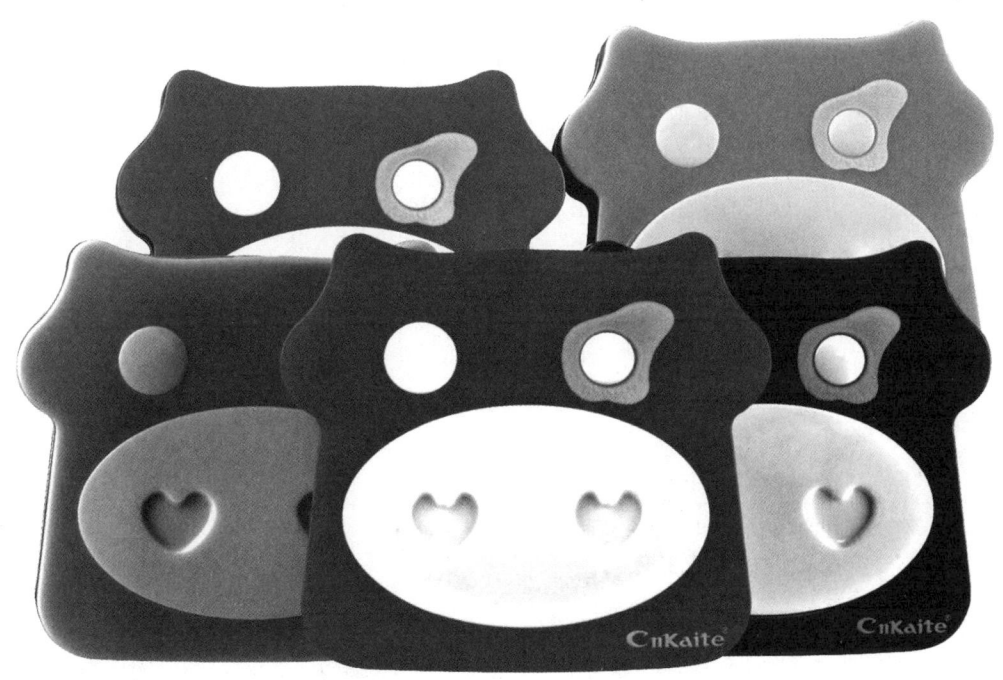

中国水利水电出版社
www.waterpub.com.cn

内 容 提 要

本教材中除了讲述常用产品设计材料的基本特性和常用加工工艺外，还增加了材料的表面装饰技术内容，结合大量的设计案例，分析了材料的特点及应用方法，其中许多案例为目前市场流行的工艺或产品。

本教材共分8章：第1章概论；第2章塑料与加工工艺；第3章金属与加工工艺；第4章木材与加工工艺；第5章陶瓷与加工工艺；第6章玻璃与加工工艺；第7章新型材料；第8章产品设计材料与工艺实训。

本教材适用于工业设计和产品设计专业的师生作为专业课教材，也可供有兴趣的读者作为参考。

图书在版编目（CIP）数据

产品设计材料与工艺 / 陈思宇，王军主编. -- 北京：中国水利水电出版社，2013.5（2021.6重印）
普通高等教育工业设计专业"十二五"规划教材
ISBN 978-7-5170-0844-6

Ⅰ．①产… Ⅱ．①陈… ②王… Ⅲ．①产品设计－高等学校－教材 Ⅳ．①TB472

中国版本图书馆CIP数据核字(2013)第089087号

书　　名	普通高等教育工业设计专业"十二五"规划教材 **产品设计材料与工艺**
作　　者	陈思宇　王军　主编
出版发行	中国水利水电出版社 （北京市海淀区玉渊潭南路1号D座　100038） 网址：www.waterpub.com.cn E-mail：sales@waterpub.com.cn 电话：（010）68367658（营销中心）
经　　售	北京科水图书销售中心（零售） 电话：（010）88383994、63202643、68545874 全国各地新华书店和相关出版物销售网点
排　　版	北京时代澄宇科技有限公司
印　　刷	天津嘉恒印务有限公司
规　　格	210mm×285mm　16开本　11.25印张　285千字
版　　次	2013年5月第1版　2021年6月第5次印刷
印　　数	12001—14000册
定　　价	**56.00元**

凡购买我社图书，如有缺页、倒页、脱页的，本社营销中心负责调换

版权所有·侵权必究

丛书编写委员会

主任委员： 刘振生　李世国

委　　员： （按拼音排序）

包海默	陈登凯	陈国东	陈江波	陈晓华	陈　健	陈思宇
杜海滨	董佳丽	段正洁	樊超然	方　迪	范大伟	傅桂涛
巩淼森	顾振宇	郭茂来	何颂飞	侯冠华	胡海权	姜　可
焦宏伟	金成玉	金　纯	喇凯英	兰海龙	李德君	李奋强
李　锋	李光亮	李　辉	李华刚	李　琨	李　立	李　明
李　杨	李　怡	梁家年	梁　莉	梁　珣	刘　驰	刘　婷
刘　刚	刘　军	刘青春	刘　新	刘　星	刘雪飞	卢　昂
卢纯福	卢艺舟	罗玉明	马春东	马　彧	米　琪	聂　茜
彭冬梅	邱泽阳	曲延瑞	任新宇	单　岩	沈　杰	沈　楠
孙　浩	孙虎鸣	孙　巍	孙巍巍	孙颖莹	孙远波	孙志学
孙正广	唐　智	田　野	王　军	王俊民	王俊涛	王　丽
王丽霞	王少君	王艳敏	王一工	王英钰	王永强	邬琦妹
奚　纯	肖　慧	熊文湖	许　佳	许　江	许　坤	薛　川
薛　峰	薛　刚	薛文凯	谢天晓	严　波	杨　梅	杨骁丽
杨　翼	姚　君	叶　丹	余隋怀	余肖江	袁光群	袁和法
张　焱	张　安	张春彬	张东生	张寒凝	张　建	张　娟
张　莉	张　昆	张庶萍	张宇红	赵　锋	赵建磊	赵俊芬
钟　蕾	周仕参	周晓江	周　莹			

本书编委员

主　编： 陈思宇（浙江农林大学）
　　　　　王军（浙江农林大学）
副主编： 潘荣（浙江理工大学）
　　　　　徐秋莹（南昌大学）
　　　　　晏合敏（南昌航空大学）
　　　　　傅桂涛（浙江农林大学）
　　　　　陈金平（浙江树人大学）
　　　　　陈国东（浙江农林大学）
　　　　　段正洁（浙江农林大学）

普通高等教育工业设计专业"十二五"规划教材参编院校

清华大学美术学院	天津理工大学
江南大学设计学院	哈尔滨理工大学
北京服装学院	中国矿业大学
北京工业大学	佳木斯大学
北京科技大学	浙江理工大学
北京理工大学	青岛科技大学
大连民族学院	中国海洋大学
鲁迅美术学院	陕西理工大学
上海交通大学	嘉兴学院
杭州电子科技大学	中南大学
山东工艺美术学院	杭州职业技术学院
山东建筑大学	浙江工商职业技术学院
山东科技大学	义乌工商学院
东华大学	郑州航空工业管理学院
广州大学	中国计量学院
河海大学	中国石油大学
南京航空航天大学	长春工业大学
郑州大学	天津工业大学
长春工程学院	昆明理工大学
浙江农林大学	北京工商大学
兰州理工大学	扬州大学
辽宁工业大学	广东海洋大学
浙江树人大学	南昌大学
南昌航空大学	

主编简介

陈思宇,男,1980年5月生,浙江农林大学工业设计系主任,硕士,副教授。

主要从事竹木和眼镜类产品设计与开发。已发表相关研究论文20余篇,参编教材12部,主持各类课题20余项。

序
Foreword

工业设计的专业特征体现在其学科的综合性、多元性及系统复杂性上，设计创新需符合多维度的要求，如用户需求、技术规则、经济条件、文化诉求、管理模式及战略方向等，许许多多的因素影响着设计创新的成败，较之艺术设计领域的其他学科，工业设计专业对设计人员的思维方式、知识结构、掌握的研究与分析方法、运用专业工具的能力，都有更高的要求，特别是现代工业设计的发展，在不断向更深层次延伸，愈来愈呈现出与其他更多学科交叉、融合的趋势。通用设计、可持续设计、服务设计、情感化设计等设计的前沿领域，均表现出学科大融合的特征，这种设计发展趋势要求我们对传统的工业设计教育作出改变。同传统设计教育的重技巧、经验传授，重感性直觉与灵感产生的培养训练有所不同，现代工业设计教育更加重视知识产生的背景、创新过程、思维方式、运用方法，以及培养学生的创造能力和研究能力，因为工业设计人员的能力是发现问题的能力、分析问题的能力和解决问题的能力综合构成的，具体地讲，就是选择吸收信息的能力、主体性研究问题的能力、逻辑性演绎新概念的能力、组织与人际关系的协调能力。学生这些能力的获得，源于系统科学的课程体系和渐进式学程设计。十分高兴的是，即将由中国水利水电出版社出版的"普通高等教育工业设计专业'十二五'规划教材"，有针对性地为工业设计课程教学的教师和学生增加了学科前沿的理论、观念及研究方法等方面的知识，为通过专业课程教学提高学生的综合素质提供了基础素材。

这套教材从工业设计学科的理论建构、知识体系、专业方法与技能的整体角度，建构了系统、完整的专业课程框架，此种框架既可以被应用于设计院校的工业设计学科整体课程构建与组织，也可以应用于工业设计课程的专项知识和技能的传授与培训，使学习工业设计的学生能够通过系统性的课程学习，以基于探究式的项目训练为主导、社会化学习的认知过程，学习和理解工业设计学科的理论观念，掌握设计创新活动的程序方法，构建支持创新的知识体系并在项目实践中完善设计技能，"活化"知识。同时，这套教材也为国内众多的设计院校提供了专业课程教学的整体框架、具体的课程教学内容以及学生学习的途径与方法。

这套教材的主要成因，缘于国家及社会对高质量创新型设计人才的需求，以及目前我国新设工业设计专业院校现实的需要。在过去的20余年里，我国新增数百所设立工业设计专业的高等院校，在校学习工业设计的学生人数众多，亟须系统、规范的教材为专业教学提供支撑，因为设计创新是高度复杂的活动，需要设计者集创造力、分析力、经验、技巧和跨学科的知识于一身，才能走上成功的路径。这样的人才培养目标，需要我们的设计院校在教育理念和哲学思考上作出改变，以学习者为核心，所有的教学活动围绕学生个体的成长，在专业教学中，以增进学生的创造力为目标，以工业设计学科的基本结构为教学基础内容，以促进学生再发现为学习的途径，以深层化学习为方法、以跨学科探究为手段、以个性化的互动为教学方式，使学生在高校的学习中获得工业设计理论观念、专业精神、知识技能以及国际化视野。这套教材是实现这个教育目标的基石，好的教材结合教师合理的学程设计能够极大地提高学生的学习效率。

改革开放以来，中国的发展速度令世界瞩目，取得了前人无以比拟的成就，但我们应当清醒地认识到，这是以量为基础的发展，我们的产品在国际市场上还显得竞争力不足，企业的设计与研发能力薄弱，产品的设计水平同国际先进水平比仍有差距。今后我国要实现以高新技术产业为先导的新型产业结构，在质量上同发达国家竞争，企业只有通过设计的战略功能和创新的技术突破，创造出更多自主品牌价值，才能使中国品牌走向世界并赢得国际市场，中国企业也才能成为具有世界性影响的企业。而要实现这一目标，关键是人才的培养，需要我们的高等教育能够为社会提供高质量的创新设计人才。

从经济社会发展的角度来看，全球经济一体化的进程，对世界各主要经济体的社会、政治、经济产生了持续变革的压力，全球化的市场为企业发展提供了广阔的拓展空间，同时也使商业环境中的竞争更趋于激烈。新的技术及新的产品形式不断产生，每个企业都要进行持续的创新，以适应未来趋势的剧烈变化，在竞争的商业环境中确立自己的位置。在这样变革的压力下，每个企业都将设计创新作为应对竞争压力的手段，相应地对工业设计人员的综合能力有了更高的要求，包括创新能力、系统思考能力、知识整合能力、表达能力、团队协作能力及使用专业工具与方法的能力。这样的设计人才规格诉求，是我们的工业设计教育必须努力的方向。

从宏观上讲，工业设计人才培养的重要性，涉及的不仅是高校的专业教学质量提升，也不仅是设计产业的发展和企业的效益与生存，它更代表了中国未来发展的全民利益，工业设计的发展与时俱进，设计的理念和价值已经渗入人类社会生活的方方面面。在生产领域，设计创新赋予企业以科学和充满活力的产品研发与管理机制；在商业流通领域，设计创新提供经济持续发展的动力和契机；在物质生活领域，设计创新引导民众健康的消费理念和生活方式；在精神生活领域，设计创新传播时代先进文化与科技知识并激发民众的创造力。今后，设计创新活动将变得更加重要和普及，工业设计教育者以及从事设计活动的组织在今天和将来都承担着文化和社会责任。

中国目前每年从各类院校中走出数量庞大的工业设计专业毕业生，这反映了国家在社会、经济以及文化领域等方面发展建设的现实需要，大量的学习过设计创新的年轻人在各行各业中发挥着他们的才干，这是一个很好的起点。中国要由制造型国家发展成为创新型国家，还需要大量的、更高质量的、充满创造热情的创新设计人才，人才培养的主体在大学，中国的高等院校要为未来的社会发展提供人才输出和储备，一切目标的实现皆始于教育。期望这套教材能够为在校学习工业设计的学生及工业设计教育者提供参考素材，也期望设计教育与课程学习的实践者，能够在教学应用中对它做出发展和创新。教材仅是应用工具，是专业课程教学的组成部分之一，好的教学效果更多的还是来自于教师正确的教学理念、合理的教学策略及同学习者的良性互动方式上。

2011 年 5 月
于清华大学美术学院

前言
Preface

材料是社会进步和人类文明的物质基础。设计通过材料得以实现，材料通过设计得以提高自身价值。

产品设计是一个系统工程，也是将创意物化的过程，而创意的物化必须依附于材料，产品设计材料与工艺的重要性不言而喻，所涉及的材料也是五花八门。根据设计实践及教学经验，本教材主要从常用材料着手，就基本特性、成型工艺、面饰工艺等进行了讲述。本教材主要关注以下几点。

（1）用材和选材同等重要。选择了好的材料如果用不好，即使再优秀的创意也是枉然。要用好材料就必须熟悉材料的加工工艺和面饰工艺，所以本书除了讲述常用设计材料的基本特性和常用加工工艺外，还增加了材料的表面装饰技术内容。

（2）脱离设计实践的材料教学不可取。材料只有应用起来才能体现它的价值，脱离设计实践，纯粹的材料性能教学会让学生感觉枯燥乏味。本教材匹配了大量的设计案例，分析了材料的特点及应用方法。

（3）材料是发展的。随着新材料、新工艺的不断涌现，必定会影响产品设计的方式、方法、流程等，本教材许多案例为目前市场流行的工艺或产品。

本教材共分8章，第1章概论；第2章塑料与加工工艺；第3章金属与加工工艺；第4章木材与加工工艺；第5章陶瓷与加工工艺；第6章玻璃与加工工艺；第7章新型材料；第8章产品设计材料与工艺实训。第8章内容为作者的教学总结，所涉及案例均为浙江农林大学工业设计学科学生作品，谈不上教学经验，分析也不一定透彻，只望抛砖引玉，让产品设计材料与工艺课程教学更为完善。

在这里首先感谢丛书主编刘振生老师的中肯建议；感谢丛书主审李世国老师的细心审核；感谢潘荣教授、邵千均教授的无私帮助。

感谢教务处及学院领导提供的帮助；感谢百利威产品研发中心的历届学生为本教材提供的设计案例；感谢胡利明总经理提供的实践平台；感谢家人的理解与支持。

该教材受浙江农林大学出版基金立项资助（项目号：2013300005）。

材料科学交叉性强，信息量大，同时，新材料、新工艺发展迅速，本教材无法一一详述，加上编者水平有限，难免存在疏漏及不当之处，敬请读者批评指正。

编者

2013年1月

目 录
Contents

序

前言

第 1 章　概论 ········· 001
    1.1　产品材料与设计 ········· 002
    1.2　材料的分类 ········· 004
    1.3　产品设计材料应具有的特征 ········· 007
    作业与思考题 ········· 012

第 2 章　塑料与加工工艺 ········· 013
    2.1　塑料概述 ········· 013
    2.2　塑料的组成 ········· 015
    2.3　塑料的分类 ········· 016
    2.4　塑料的一般特性 ········· 018
    2.5　塑料的成型工艺 ········· 020
    2.6　塑料产品的面饰工艺 ········· 031
    2.7　塑料制品设计原则 ········· 035
    2.8　常见塑料代号 ········· 046
    2.9　塑料制品设计案例解析 ········· 048
    作业与思考题 ········· 052

第 3 章　金属与加工工艺 ········· 053
    3.1　金属概述 ········· 053
    3.2　碳钢 ········· 054
    3.3　钢的热处理 ········· 056
    3.4　其他常用合金材料 ········· 059
    3.5　金属的成型工艺 ········· 062
    3.6　金属的面饰工艺 ········· 068
    3.7　金属制品设计案例解析 ········· 070
    作业与思考题 ········· 073

第 4 章 木材与加工工艺 ········· 074
- 4.1 木材概述 ········· 074
- 4.2 原木 ········· 074
- 4.3 人造板 ········· 081
- 4.4 竹、藤与加工工艺 ········· 087
- 4.5 木材成型加工工艺 ········· 090
- 4.6 木材的面饰工艺 ········· 094
- 4.7 木制品设计案例解析 ········· 099
- 作业与思考题 ········· 102

第 5 章 陶瓷与加工工艺 ········· 103
- 5.1 陶瓷概述 ········· 104
- 5.2 陶瓷的成型工艺 ········· 107
- 5.3 陶瓷的装饰 ········· 112
- 5.4 陶瓷制品设计案例解析 ········· 116
- 作业与思考题 ········· 121

第 6 章 玻璃与加工工艺 ········· 122
- 6.1 玻璃概述 ········· 122
- 6.2 玻璃的特性 ········· 123
- 6.3 玻璃的分类 ········· 124
- 6.4 玻璃的成型工艺 ········· 128
- 6.5 玻璃制品设计案例解析 ········· 132
- 作业与思考题 ········· 136

第 7 章 新型材料 ········· 137
- 7.1 新型材料概论 ········· 137
- 7.2 纳米材料 ········· 137
- 7.3 人工智能材料 ········· 138
- 7.4 光(热)致变色材料 ········· 139
- 7.5 电磁屏蔽材料 ········· 140
- 7.6 电子纸 ········· 141
- 7.7 轻金属"家族" ········· 142
- 7.8 可降解的高分子材料 ········· 143
- 7.9 新型工程陶瓷材料 ········· 144
- 7.10 超导材料 ········· 145

  作业与思考题 ··· 145

第 8 章　产品设计材料与工艺实训 ·· 146

  8.1　产品设计材料与工艺教学思路 ··· 146
  8.2　产品设计材料与工艺实训设置与安排 ·· 147
  8.3　产品设计材料与工艺实训案例 ·· 148

参考文献 ··· 166

第1章 概论

材料是人类文明的里程碑，是人类赖以生存和发展的重要物质基础。在人类文明的发展历程中，各种新材料和新工艺的不断开发以及利用，推动了社会的发展，从某种角度看来，人类的文明史就是材料的发展史，并以不同特征的材料划分人类不同的历史时期，如石器时代、青铜器时代、铁器时代、高分子材料时代和硅材料时代……由此看出，材料和工艺的进步，造就了人类社会的发展，是人类在生存和生活中不可缺少的部分，代表了人类文明和时代的进步。

在日常生活中，存在着各种各样、种类丰富的产品，它们出现在我们的周围、身边、手中，甚至在身体内部。如假牙、心脏起搏器、固定骨骼用的钢针等，装扮我们的世界，丰富我们的生活，时尚的ipod，小巧可爱的大众甲壳虫，客厅里舒适的沙发……实用且美观（见图1-1）。

塑料家具

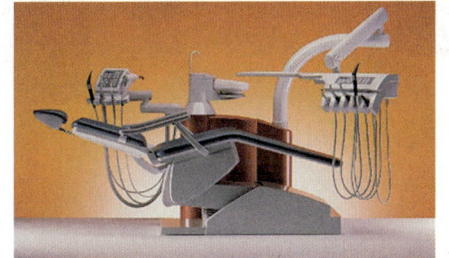
医疗器械

玻璃制品

轮滑鞋

木制家具

情趣刀架

图1-1　各种材料制作的产品

是什么塑造了这么多丰富的产品，从而让人类的生活水平得到如此巨大的改善与提高？这就是材料，各种各样不同种类、不同特性的材料。

1.1 产品材料与设计

1.1.1 材料的定义

从广义上讲，材料指人们思想意识之外的所有物质。具体地说是人们用以作为物品的物质，它不仅仅只包括我们传统概念中的钢铁、木材、塑料等普通材料，还包括一些装置、工具、用具等。如用废弃的易拉罐建房子，废自行车零部件制作雕塑（见图1-2），巧克力制作时装（见图1-3）等，此时，易拉罐、废弃自行车零部件、巧克力等都属于材料。

图1-2 废自行车零部件制作雕塑

图1-3 巧克力制作时装

物质与材料还是有一定的区别，物质是人的意识之外客观存在的一切事物，只有当某物质被人有目的地用来制造其他物质时，才能被称作材料。比如一块木头，当它在树林中时只是自然界的一棵树木而已，而当人需要制作家具用作原材料时，它才能被称为材料。所以，材料应该是被人有目的地按照一定意图进行使用的物质（见图1-4和图1-5）。

"迈尔新百科全书"对材料是这样阐述的："材料是由原料中取得的、为生产半成品、工件、部件和成品的初始物料，如金属、石块、木材、皮革、塑料、纸、天然纤维和化学纤维等。"

1.1.2 材料与设计

材料之所以成为材料是与人的设计分不开的，随着材料的进一步发展，材料中设计的成分也越来越多，材料也显得更有价值。

材料之于设计，就好比巧妇手中的米，巧匠手中的砖，有了米，巧妇才能发挥才智，制作出色、香、味俱全的饭菜；有了砖，巧匠才能发挥想象，修建出美轮美奂的建筑物。生活中，材料是多种多样的，它们有不同质地、色泽和性能，而且随着技术的进步，新材料也层出不穷，这为设计带来了无穷的活力。

图1-4 冰雕

图1-5 绒线画（设计者：曹咸青）

如图1-6所示为麻型竹原纤维，图1-7所示为竹纤维毛巾，它柔软细腻、吸水性强，还具有了竹纤维的杀菌、抑菌功能。如图1-8所示为刨切薄竹，而图1-9所示则是用刨切薄竹装饰的灯具，使产品具有了竹材的美观、一举突破了原竹开裂、不易加工的技术瓶颈。正因为有许许多多从事新材料、新工艺研究的科技工作者默默的奉献，给设计师带来了无穷无尽的想象空间。

图1-6 麻型竹原纤维

图1-7 竹纤维毛巾

图 1-8　刨切薄竹

图 1-9　刨切薄竹制作的灯具

材料影响着产品的质感、构造、外观造型，影响着消费者的使用体验感受，同时，它还影响着产品的质量与成本。因此，材料与设计的关系是相辅相成的，材料为设计提供物质基础，设计让材料焕发无穷的活力。在设计中，为产品选择合适的材料及工艺就显得尤为重要。

（1）材料是创意物化的基本条件。

创意是指创造出的新意或意境，产品设计的过程也就是创意物化的过程。要将创意物化，就必须通过材料使创意变成实实在在的产品。所以说，材料是创意物化的基本条件，即如果没有材料，创意最多只能称为想法，只能是一种艺术形式。

（2）材料是产品形态的内在基础。

不同的材料具有不同的性能，或坚硬，或柔韧；有轻巧的，有厚重的；有通透的，也有密实的……为产品在形态的塑造上提出了不同的要求。产品的形态需要通过材料作为基础，没有材料的支撑，实体形态就无法构成。

（3）材料是产品功能的体现。

材料某些特性有时候能成为产品功能的一部分。如杯子上的隔热防滑套，就是选用热传导性较低，质地柔软的材料如橡胶等制成。

1.1.3　材料与工艺

如果说材料是产品存在的物质条件，那么工艺就是产品形成的技术条件。工艺是指材料的成型手段，是人们认识、利用和改造材料，并实现产品造型的技术方法。通过优良的工艺过程，材料成为具有一定形状、结构、尺寸和表面特征的产品，从而具有了一定的使用价值和审美价值。产品就是由一定的材料经过一定的加工工艺而制造出来的。

工艺的发展日新月异，设计师要及时了解新工艺，才能抓住时代的脉搏，找到创意实现的最佳方法。在工业设计发展的历程中，每次新工艺的出现，都能为材料的应用注入新的活力，同时也涌现出了一大批划时代的、具有里程碑意义的产品（见图 1-10 和图 1-11）。

1.2　材料的分类

从不同的角度出发，可以将现有材料进行不同的分类。按照材料发展历史进行分类如下。

图 1-10　实木弯曲

图 1-11　实木弯曲家具

第一代天然材料：不改变其在自然界中所保持的状态，或只施以低度加工的材料，如木材、石材、毛皮等（见图 1-12）。

木材

石材

毛皮

图 1-12　天然材料

第二代加工材料：指通过冶炼烧结等方法制成的材料，如金属、陶瓷、玻璃等（见图 1-13）。

金属

陶瓷

玻璃

图 1-13　加工材料

第三代合成材料：通过化学合成方法从石油、天然气和煤等矿物资源中提炼出来的高分子材料，如塑料、橡胶等（见图 1-14）。

塑料储物盒

橡胶履带

图 1-14　合成材料

第四代复合材料：用有机、无机非金属乃至金属等各种原材料复合而成的材料，如玻璃纤维增强树脂（见图 1-15）。

玻璃纤维增强塑料管

铝塑复合板

图 1-15　复合材料

第五代智能材料：随环境的变化具有应变能力，智能材料通常不是一种单一的材料，而是一个材料的系统（见图 1-16）。

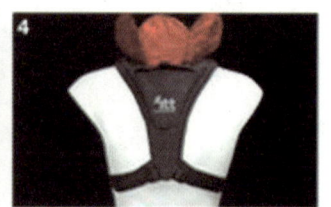

图 1-16　智能材料背心

智能材料是现代高技术新材料发展的重要方向之一，将支撑未来高技术的发展，使传统意义上的功能材料和结构材料之间的界线逐渐消失，实现结构功能化、功能多样化。

1.3 产品设计材料应具有的特征

1.3.1 质感

质感是人的感觉系统因生理刺激对材料作出的反映，或由人的知觉系统从材料表面特征得出的信息，是人对材料感知的生理和心理活动。即由触觉和视觉所产生的综合印象。任何材料都具有与众不同的特殊质感，质感是由材料特有的色彩、光泽、形态、纹理、冷暖、粗细、软硬和透明等多种因素形成的，同时还可以通过不同的人为加工方法获得更丰富的变化效果。

根据人对各种材料的综合感受不同，一般将质感归纳为粗犷与细腻、粗糙与光滑、温暖与寒冷、华丽与朴素、浑厚与单薄、沉重与轻巧、坚硬与柔软、干燥与滑润、迟钝与锋利、透明与不透明等基本感觉特征（见图1-17～图1-20）。

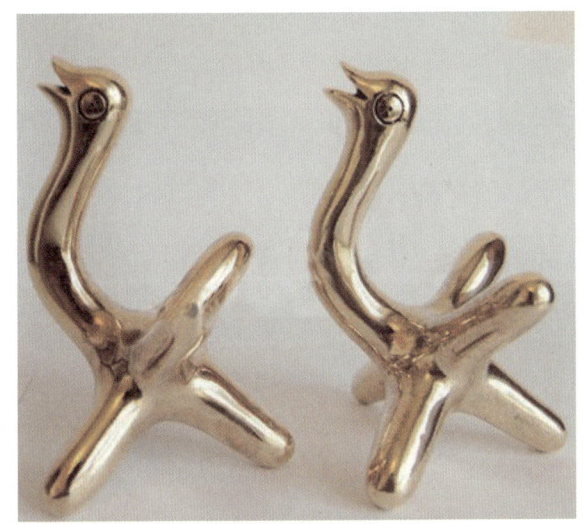

图1-17 光滑

图1-18 粗糙

图1-19 柔软

图1-20 坚硬

质感是产品设计基本构成的三大感觉要素（形态感、色彩感、材质感）之一，体现的是物体构成材料和构成形式作用于人的视觉和触觉而产生的心理反应。

质感有2种分类方法，①按人的生理和心里感觉，将质感分为触觉质感和视觉质感。如软硬、粗细、冷暖、凹凸、干湿、滑涩等；②按材质的物理和化学特性，分为自然质感和人为质感。

（1）触觉质感和视觉质感。

触觉质感是凭手和皮肤通过接触物体而感知的物体表面的特征，是人们感知和体验材料的主要感受。触觉质感与材料的表面组织构造的表现方式密切相关。材料表面的硬度、密度、温度、湿度、黏度等物理属性也是触觉不同反应的变量。不同材料各种物理属性的综合作用使人产生不同的触觉感受。

触觉质感给人的感觉的影响主要来自于两方面，即生理感受和心理感受。生理感受主要由人的温觉、压觉、痛觉、振动觉等组成。心理感受则是人受到触觉质感的影响所引起的舒适感或憎恶感。生活中，人们很容易对那些精加工的金属表面、精致的丝绸、高级皮革、精美的陶瓷釉面、光滑的塑料表面等产生好感，给人一种细腻、柔软、光洁、湿润、凉爽的舒适感；而对于未干的油漆、锈蚀的金属、粗糙的砖墙、泥泞的路面等会产生黏、涩、脏、乱等不快心理，造成反感或厌恶感，从而影响审美心理（见图1-21～图1-24）。

图1-21 熔化的铁—热

图1-22 泥泞的路面—脏

图1-23 海绵—轻、软

图1-24 银锭—重、硬

视觉质感是靠眼睛的视觉来感知的材料的表面特征,是材料被视觉感受后经大脑综合处理产生的一种对材料表面特征的感觉和印象。简单来说,是人凭视觉及个人的生活体验想象物体的表面组织。

(2)自然质感和人为质感。

不同的物质其表面的自有特质称自然质感,是材料的成分、物理、化学特性和表面肌理等综合呈现的特征。如大理石、花岗石等,给人以美观、光洁、稳重、雄伟大方、庄严之感,很适合作为高档建筑的大厅外墙面和地板等使用。

材料经过人为的处理所表现出来的特征称为人为质感,是材料经过处理以后综合呈现的特征,可以掩盖材料原有的缺陷或者加工技术上的不足。如室内有大量柱面,使人有闭塞之感,如果用玻璃镜面或不锈钢等光泽感极强的材料会给人视觉上减轻原柱的体量感;而毛皮地毯会带给人柔软、舒适、细腻的直接感受(见图1-25～图1-28)。

图1-25 橡胶木的自然质感

图1-26 橡胶木的人为质感

图1-27 花岗岩的自然质感

图1-28 花岗岩的人为质感

1.3.2 环境耐候性

日常生活中，各类工业产品所处的环境各不相同。有室内或室外，有寒冷或炎热、有风吹雨打或日晒雨淋……这些环境因素都对工业产品的寿命会产生直接影响。

材料的环境耐候性是指材料能适应环境条件，经得起自然因素的变化和周围介质的破坏作用，即不因为外界因素的影响或改变而发生变化，以致引起材料内部构造的改变而出现褪色、分化、腐朽甚至破坏。如户外广告灯，一般都是露天悬挂或摆放，常年累月经受着风雨日晒，严寒酷暑，而且其产品本身发热量很大，这就要求在选材过程中首先要考虑材料本身能否经受得起环境变化的考验，但木材易腐朽、金属易锈蚀，而塑料的易加工、透光性、环境耐候性好等特点就成了此类产品的首选（见图1-29和图1-30）。

图1-29　PMMA材质灯箱

图1-30　塑木材质小桥

1.3.3 加工成型性

材料的加工成型性是指在材料成型过程中所运用的加工方法，一般来讲，加工成形性越好就越容易加工。不同的材料有不同的加工成型方法，如钢材的车削、钻孔等；塑料的注射、压缩、压注、挤出、吹塑、气压成型等；木材的刨、钻、锯等（见图1-31和图1-32）。

1.3.4 表面工艺性

通过表面的处理来增强材料的各项性能，尽量提高其使用寿命和观赏性。材料的表面处理不仅能够提高其使用寿命，还能增强产品的观赏性。正确地选择材料以及表面处理工艺，是提高工业产品品质的关键性步骤。

（1）材料的材性及特点各异，表面处理工艺也不尽相同。如铝的氧化可以使铝的表面形成坚固的氧化膜，从而保护内部活性较强的铝元素被继续氧化，提高了铝制产品的使用寿命；同时，铝的氧化膜还是多孔状结构，便于表面上色，增加铝制产品的美观度。

（2）同种材料可以通过不同的表面处理工艺获得完全不同的外观特征，我们称之为同材异质；不同的材料也能通过一定的表面处理工艺产生相同的表面效果，我们称之为异材同质。

从图1-33和图1-34中可以看出，利用三聚氰胺装饰纸贴面的强化地板的质感与实木地板的质感几乎一样，如不仔细观察，很难分辨。

图1-31　玻璃雕刻

图1-32　木作工艺

图1-33　三聚氰胺装饰纸

图1-34　三聚氰胺装饰纸贴面的强化地板

1.3.5　环保性

环保性是作为绿色产品、符合人类持续发展战略和建设资源节约型社会所必需的。作为一种绿色产品，其原料的生产过程、产品生产过程、施工过程、使用过程和废弃物的处理等5个环节，都应该对维护健康、保护环境负责。随着资源的枯竭、环境的破坏、对材料制品的回收并再利用，是社会的要求。作为产品设计师，应该要有强烈的社会责任感，设计产品时，应该考虑环境保护的要求，尽量采用可回收、可降解、可循环使用的材料。

作业与思考题

1. 什么是材料？什么是设计？设计和材料有什么关系？
2. 按照材料的发展历史，塑料、人造板、陶瓷分别属于第几代材料？
3. 产品设计材料应具有哪些特征？
4. 结合自己的所见所闻，谈谈你对材料的认识，并举例说明。

第2章 Chapter 2
塑料与加工工艺

2.1 塑料概述

自20世纪20年代酚醛树脂首次投入工业化生产以来，短短90年时间，其对工业技术各领域的影响甚至超过传统的钢铁材料，它加工方法灵活，造型美观，色彩多样，为人类社会生活提供了丰富多彩的产品，因而广泛应用于机械制造、建筑、轻纺、化工、电器、汽车、造船和国防工业中（见图2-1～图2-4）。同时，塑料制品也在很多方面逐步取代传统金属材料，逐步成为现代工业产品零部件家族中的一个重要组成部分。

图 2-1 塑料收纳盒

图 2-2 塑料地铺

图 2-3 塑料衣架

图 2-4 塑料家电

最早的改性塑料是用硝酸处理过的纤维素，称为硝酸纤维素，俗称"赛璐珞"。在19世纪，台球都是用象牙做的，数量自然非常有限，于是有人悬赏1万美元征求制造台球的替代材料。1869年，美国的海厄特（J.W.Hyatt，1837—1920）把硝化纤维、樟脑和乙醇的混合物在高压下共热，然后在常压下硬化成型制出了廉价台球，赢得了这笔奖金。这种由纤维素制得的材料就是"赛璐珞"。"赛璐珞"是人类历史上第一种合成塑料，它是一种坚韧材料，具有很大的抗张强度，耐水、耐油、耐酸。从此，"赛璐珞"被用来制造各种物品，从儿童玩具到衬衫领子中都有"赛璐珞"。它还被用来做胶状银化合物的片基，这就是第一张实用照相底片。不过，由于"赛璐珞"中含硝酸银，所以它有一个很大的缺点，就是极易着火引起火灾。

"赛璐珞"是由天然的纤维素加工而成的，并不是完全人工合成的塑料。人类历史上第一种完全人工合成的塑料是酚醛树脂（又称贝克兰塑料），由美国人贝克兰（Leo Baekeland）在1909年用苯酚和甲醛制造的。酚醛树脂是通过缩合反应制备的，属于热固性塑料。其制备过程共分两步：第一步先做成线型聚合度较低的化合物；第二步用高温处理，转变为体型聚合度很高的高分子化合物。

20世纪40年代乙烯类单体的自由基引发聚合迅速发展，实现工业化的包括聚氯乙烯、聚苯乙烯和有机玻璃等，这是合成高分子蓬勃发展的时期。进入50年代，从石油裂解而得的α-烯烃主要包括乙烯与丙烯，德国人齐格勒（Karl Ziegler）与意大利人纳塔（Giulio Natta）（见图2-5和图2-6）分别发明用金属络合催化剂合成低压聚乙烯与聚丙烯的方法，前者1952年工业化，后者1957年工业化，这是高分子化学的历史性发展，因为可以由石油为原料又能建立年产10万t的大厂，他们二人后来都获得了1963年的诺贝尔化学奖。

图2-5 齐格勒

图2-6 纳塔

20世纪60年代，由于要飞往月球而出现耐高温高分子材料的研究热。耐高温的定义是材料能够在氮气中、500℃环境中使用一个月；在空气中，300℃环境下能使用一个月。其结果主要分为两大类，一类是芳香聚酰胺，例如苯二胺与间苯二酰缩聚而得到的Nomex，这在当时曾被作为太空服的原料。还有对苯二胺与对苯二酰氯缩聚得到的Kevlar，它属于耐高温的高分子液晶，现在用于超音速飞机的复合材料中。另一类是杂环高分子，例如聚芳亚酰胺和作为高温黏合剂的聚苯并咪唑，为现在宇航飞行所需的材料打下了基础。

塑料的种类很多，除了酚醛树脂和聚乙烯外，还有聚氯乙烯、聚苯乙烯等。我们常见的有机玻璃，其实也是塑料的一种。它的透明度比普通玻璃还高，有韧性，不易破碎，枪弹打上去也只能穿一个洞。因此，它是制作飞机舷窗的绝好材料。

塑料有3个最主要的优点：①塑料比较轻：这是相对于金属和无机玻璃而言的，轻的原因不是因为它是高分子化合物，而是因为它们是有机化合物，即由碳、氢、氧、氮等较轻的元素组成的；②塑料易于加工：塑料具有可塑性，即在加热或加压后变形，在降温或压力消失后维持原形不变；可以通过挤出，注射等方式加工成各自形状的产品；③塑料不会腐烂也不会生锈；但是，这一性质也给人类带来一个严重的问题：由于塑料不易腐烂，大量的塑料废弃物无法被自然界吸收、分解，从而造成一定程度的环境污染。

由于这些优良性能，塑料这一新型材料的发展十分迅速。特别是石油化学工业的发展，为塑料生产开辟了广阔的原料来源。从1947～1967年的20年间，美国的塑料产量从60多万t增至600多万t。目前，其产量按体积已远超钢铁。钢铁生产已有2000多年的历史，而塑料问世不过100余年，足可见塑料工业发展速度之惊人。

自20世纪初到20世纪70年代，塑料品种的增长速度很快，每年都有几十个新品种诞生。但到此后，塑料新品种的开发速度放慢，几年才有一个新品种诞生；但已有塑料品种的产量却增长迅速，已有几十年保持双位数的增长。近年来重点已从开发树脂新品种向对原有树脂改性的方向转变。对原有树脂的改性，可获得全新的性能，并且降低材料的成本。

2.2 塑料的组成

塑料是以高分子合成树脂为主要成分，在一定温度和压力下可塑制成一定形状，且在一定条件（常温、常压）下保持不变的材料。

我们通常所用的塑料并不是一种纯净物质，它是由许多材料配制而成的。其中高分子聚合物（或称合成树脂）是塑料的主要成分，此外，为了改进塑料的性能、降低成本，还要在聚合物中添加各种辅助材料，如填料、增塑剂、稳定剂、着色剂、润滑剂等。

2.2.1 合成树脂

合成树脂是塑料的最主要成分，其在塑料中的含量一般在40%～100%。由于含量大，而且树脂的性质常常决定了塑料的性质，所以人们常把树脂看成是塑料的同义词。例如把聚氯乙烯树脂与聚氯乙烯塑料、酚醛树脂与酚醛塑料混为一谈。其实树脂与塑料是两个不同的概念。树脂是一种未加工的原始聚合物，它不仅用于制造塑料，而且还是涂料、胶粘剂以及合成纤维的原料。而塑料除了极少一部分含100%的树脂外，绝大多数的塑料，除了主要组分树脂外，还需要加入其他物质。

2.2.2 填料

填料又叫填充剂，它可以提高塑料的强度和耐热性能，并降低成本。例如酚醛树脂中加入木粉后可大大降低成本，使酚醛塑料成为最廉价的塑料之一，同时还能显著提高机械强度。填料可分为有机填料和无机填料两类，前者如木粉、碎布、纸张和各种织物纤维等，后者如玻璃纤维、硅藻土、石棉、炭黑等。

2.2.3 增塑剂

增塑剂可增加塑料的可塑性和柔软性，降低脆性，使塑料易于加工成型。增塑剂一般是能与树脂混溶，无毒、无臭，对光、热稳定的高沸点有机化合物，最常用的是邻苯二甲酸酯类。例如生产聚氯乙烯塑料时，若加入较多的增塑剂便可得到软质聚氯乙烯塑料，若不加或少加增塑剂（用量小于10%），则得硬质聚氯乙烯塑料。

2.2.4 稳定剂

为了防止合成树脂在加工和使用过程中受光和热的作用分解和破坏，延长塑料制品的使用寿命，要在塑料中加入稳定剂。常用的有硬脂酸盐、环氧树脂等。

2.2.5 着色剂

着色剂可使塑料具有各种鲜艳、美观的颜色。常用有机染料和无机颜料作为着色剂。

2.2.6 润滑剂

润滑剂的作用是防止塑料在成型时粘在金属模具上，同时可使塑料的表面光滑美观。常用的润滑剂有硬脂酸及其钙镁盐等。

除了上述助剂外，塑料中还可加入阻燃剂、发泡剂、抗静电剂等，以满足不同的使用要求。

2.3 塑料的分类

塑料种类繁多，分类方法不尽相同。

2.3.1 按塑料用途分类

1. 通用塑料

通用塑料一般指产量大、用途广、成型性好、价廉的塑料。包括：聚乙烯（PE）、聚丙烯（PP）、聚苯乙烯（PS）、丙烯腈-丁二烯-苯乙烯（ABS）、聚氯乙烯（PVC）、聚甲基丙烯酸甲酯（PMMA）、环氧树脂（EP）、酚醛树脂（PF）、聚氨酯（PU）、不饱和聚酯。

2. 泛用工程塑料

泛用工程塑料一般指能承受一定的外力作用，并有良好的机械性能和尺寸稳定性，在高、低温下仍能保持其优良性能，可以作为工程结构件的塑料。包括：聚酰胺（PA）、聚对苯二甲酸丁二醇酯（PBT）和聚对苯二甲酸乙二醇酯（PET）、聚碳酸酯（PC）、聚甲醛（POM）、聚苯醚（PPO）。

3. 特种塑料

特种塑料一般指具有特种功能（如耐热、自润滑等），应用于特殊要求的塑料。如聚苯硫醚（PPS）、聚砜（PSU）、聚醚砜（PES）、聚四氟乙烯（PTFE）等氟塑料、聚醚醚酮（PEEK）等。

2.3.2 按塑料热行为分类

1. 热塑性塑料

加热时软化并熔融，成为可流动的黏糊液体，可成型为一定形状、冷却后保持已成型的形状，如再次加热又可熔融成型为一定形状的塑件，如此反复多次使用，只有物理变化而无化学变化。简言之：热塑性塑料是可以多次反复加热，而仍具有可塑性的合成树脂制得的塑料，它耐热性低，刚性差。如聚乙烯（PE）、聚苯乙烯（PS）、ABS、聚丙烯、聚氯乙烯（PVC）、有机玻璃、尼龙等。

2. 热固性塑料

因受热或其他条件能固化成具有不熔也不溶的塑料。简言之：热固性塑料是由加热硬化的合成树脂制得的塑料，如酚醛塑料、环氧塑料等。

2.3.3 按塑料成型方法分类

1. 模压塑料

模压塑料为供模压用的树脂混合料，如一般热固性塑料。

2. 层压塑料

层压塑料指浸有树脂的纤维织物，可经叠合、热压结合而成为整体材料。

3. 注射、挤出和吹塑塑料

注射、挤出和吹塑塑料一般是指能在料筒温度下熔融、流动，在模具中迅速硬化的树脂混合料，如一般热塑性塑料。

4. 浇铸塑料

浇铸塑料是指能在无压或稍加压力的情况下，倾注于模具中能硬化成一定形状制品的液态树脂混合料，如 MC 尼龙。

5. 反应注射模塑料

反应注射模塑料一般是指液态原材料，加压注入模腔内，使其反应固化制得成品，如聚氨酯类。

2.3.4 按塑料半制品和制品分类

1. 模塑粉

模塑粉又称塑料粉，主要由热固性树脂（如酚醛）和填料等经充分混合、按压、粉碎而得。如酚醛塑料粉。

2. 增强塑料

增强塑料为加有增强材料而某些力学性能比原树脂有较大提高的一类塑料。

3. 泡沫塑料

泡沫塑料是整体内含有无数微孔的塑料。

4. 薄膜

薄膜一般是指厚度在 0.25mm 以下的平整而柔软的塑料制品。

2.4 塑料的一般特性

塑料制品可以通过不同的工序获得所需要的任何形状，并且很少进行二次加工，一般可以不受形状的约束，能充分满足设计师对产品内外结构和形状的要求，利用塑料的特殊加工工艺性能，可以充分体现制品外观造型的整体感和艺术质量。与其他材料相比较，塑料具有良好的综合性能。

（1）绝大多数塑料具有透明性，并富有光泽，例如聚甲基丙烯酸甲酯塑料（PMMA）透光率就能达到 92%，故俗称有机玻璃（见图 2-7）。

 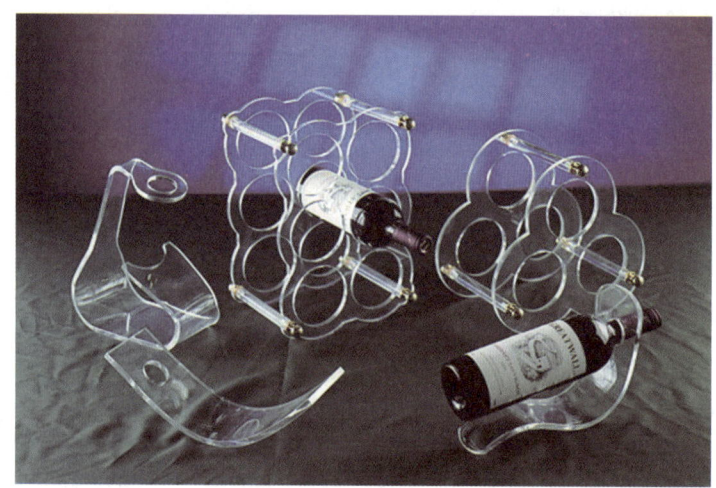

图 2-7　有机玻璃及有机玻璃制品

（2）塑料质轻，耐振动和冲击，比强度高。一般塑料比金属轻，比重在 0.9 ~ 2.3 之间（一般泡沫塑料的比重在 0.01 ~ 0.5 之间），具有良好的耐振动和冲击能力，适合用作其他产品的包装材料。强度比木材高，可以制作成很薄很坚固的制品（见图 2-8）。

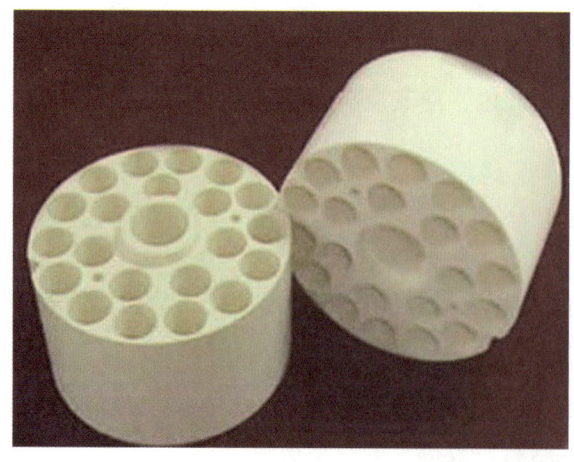 

图 2-8　泡沫塑料及泡沫塑料制品

（3）塑料具有良好的电、热绝缘性。因此广泛用作电绝缘部件和绝热保温材料（见图 2-9）。

 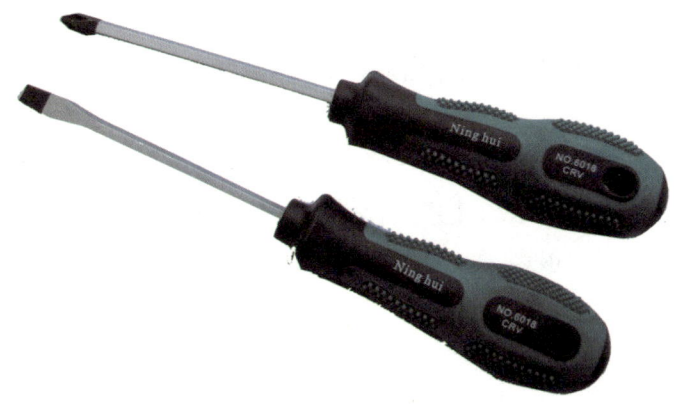

图 2-9　绝缘塑料及绝缘塑料制品

（4）化学性能稳定。大部分塑料耐化学腐蚀性大于金属和木材，对一般酸、碱、盐等及普通化学药品均有良好的抗蚀能力。所以是一种优良的防腐蚀材料，很适合制作各种包装（见图 2-10）。

 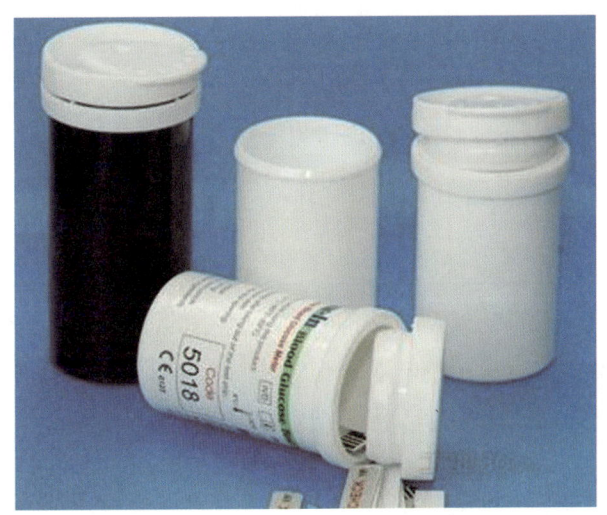

图 2-10　塑料包装

（5）良好的成型加工性能。塑料质地细腻，具有适当的弹性及耐磨损性，容易加工，成型较快。可大批量生产，某些塑料品种还可进行机械加工，焊接及表面电镀处理等（见图 2-11）。

（6）耐热性差、强度不高、硬度低、刚性差、易变形、胀缩系数大等，一般只能在 100℃以下长期使用。塑料制品易变形。温度变化时尺寸稳定性较差，成型收缩较大，即使在常温下也容易变形。另外，塑料有"老化"现象。塑料在使用过程中，受周围环境如光、热、辐射等因素影响，色泽会改变、化学构造受到破坏，机械性能下降，变得硬脆或软黏而无法正常使用。

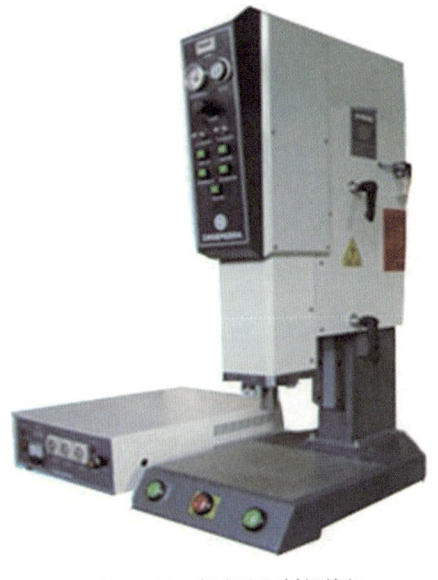

图 2-11　超声波塑料焊接机

2.5 塑料的成型工艺

在塑料成型生产中，塑料原料、成型设备和成型所用模具是3个必不可少的物质条件，必须运用一定的技术方法，使这三者联系起来形成生产能力，这种方法称为塑料成型工艺。塑料种类很多，其成型方法也很多，表2-1列出常用的成型加工方法与模具。

表2-1　　　　　　　　　　常用的成型加工方法与模具

序号	成型方法	成型模具	用途
1	注射成型	注射模	如电视机外壳、食品周转箱、塑料盆、桶、汽车仪表盘等
2	压缩成型	压缩模	如电器照明用设备零件、电话机、开关插座、塑料餐具、齿轮等
3	压注成型	压注模	适用于生产小尺寸的塑件
4	挤出成型	口模	如塑料棒、管、板、薄膜、电缆护套、异形型材（扶手等）
5	中空吹塑	口模、吹塑模	适用与生产中空或管状塑件，如瓶子、容器、玩具等
6	热成型	真空成型模具	适合生产形状简单的塑件，此方法可供选择的原料较少
		压缩空气成型模具	

塑料的成型方法除了以上列举的6种外，还有压延成型、浇铸成型、玻璃纤维热固性塑料的低压成型、滚塑（旋转）成型、泡沫塑料成型、快速成型等。本书着重介绍应用最广泛的注射成型、压缩成型、压注成型、挤出成型和中空吹塑等几种。

2.5.1 注射成型

塑料在注塑机加热料筒中塑化后，由柱塞或往复螺杆注射到闭合模具的模腔中形成制品的塑料加工方法。此法能加工外形复杂、尺寸精确或带嵌件的制品，生产效率高。大多数热塑性塑料和某些热固性塑料（如酚醛塑料）均可用此法进行加工。用于注塑的物料须有良好流动性，才能充满模腔以得到制品。

1. 注射成型的特点

注射成型是热塑性塑料制品生产的一种重要方法。其特点主要有：注射成型技术具有生产周期短，生产率高，容易实现自动化生产；能成型外形复杂的塑件，且能保证精度；成型各种塑料的适应性强；设备价格高，模具制造费用较高，不适合单件及小批量塑件的生产。

2. 注射机的结构

注射成型设备由注射装置、合模装置和注塑模具3部分组成。注射装置是注射机的主要部分，将塑料加热塑化成流动状态，加压注射入模具。合模装置用以闭合模具的定模和动模，并实现模具开闭动作及顶出成品。注射模具简称注模，它由浇注系统、成型零件和结构零件所组成。①浇注系统是指自注射机喷嘴到型腔的塑料流动通道；②成型零件是指构成模具型腔的零件，由阴模、阳模组成；

③结构零件,包括导向、脱膜、抽芯、分型等各种零件。模具分为定模和动模2大部分,分别固定于合模装置之定板和动板上,动模随动板移动而完成开闭动作。模具根据需要可加热或冷却(见图2-12和图2-13)。

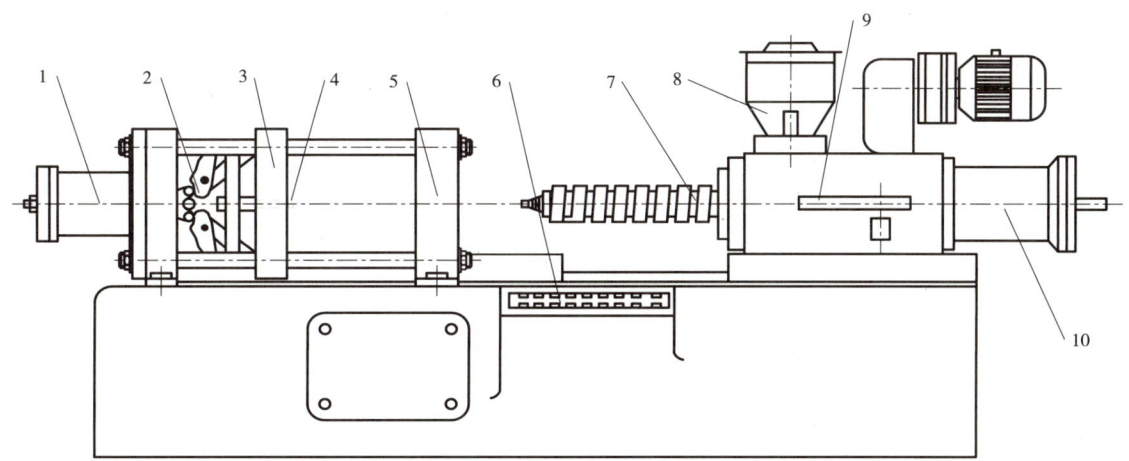

图2-12 卧式注射机示意图

1-锁模液压缸;2-锁模机构;3-移动模板;4-顶杆;5-固定板;6-控制台;
7-料筒;8-料斗;9-定量供料装置;10-注射液压缸

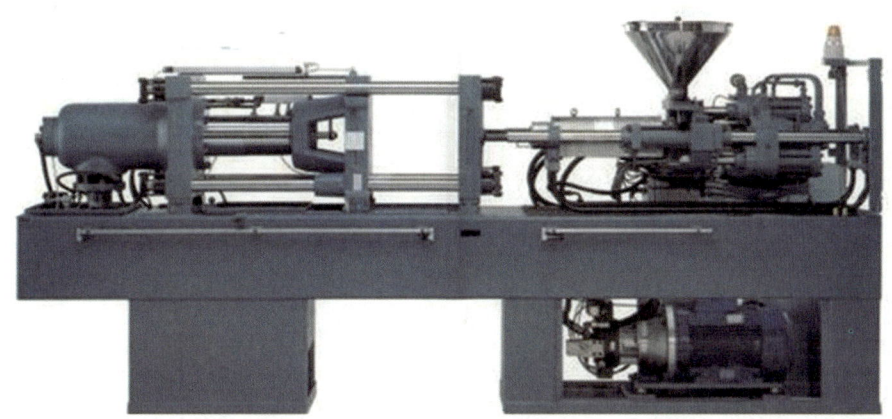

图2-13 卧式注射机

3. 注射成型过程

因加工物料而异。热塑性塑料的注射成型包括加料、塑化、注射、保压、冷却、脱模等过程。热固性塑料和橡胶的成型也包括同样过程,但料筒温度较热塑性塑料的低,注射压力却较高,模具是加热的,物料注射完毕在模具中需经固化或硫化过程,然后趁热脱膜。

4. 注射成型对塑件质量的影响因素

注射塑件的质量分为内部质量和外部质量,内部质量包括塑件内部的组织结构形态、塑件的密度、塑件的物理力学性能。外部质量就是塑件的表面质量,包括表面尺寸、表面粗糙度和表面缺陷。注射成型生产过程中塑件最常见的各种缺陷有水纹、缩孔、应力开裂、翘曲变形等,影响塑件质量的因素很多,不仅取决于塑料原材料、注射机、模具结构,而且还取决于注射成型工艺参数的合理与否。表2-2列出了产生塑件缺陷的影响因素。

表 2-2　塑件缺陷产生的因素

影响因素＼缺陷	表面有水纹	痕迹、条纹	毛口、飞边	熔接处痕迹	光洁度不佳	缺口、少边	烧黄、烧焦	变色混色等	成型品变形	成型品太厚	裂纹、裂口
机筒温度过低		●		●	●	●		●			●
机筒温度过高			●				●	●	●	●	
注塑压力过低		●			●	●					
注塑压力过高			●				●			●	●
注塑保压时间过短									●		
注塑保压时间过长		●								●	●
射出速度太快		●					●				
射出速度太慢					●						
冷却不充分		●							●		
模具温度控制不良		●		●							●
注塑周期过短									●		
注塑周期过长				●		●					
注塑口、流道或喷嘴太大										●	
注塑口、流道或喷嘴太小		●		●	●	●		●			
注塑口位置不佳		●									
模具合模力过低			●							●	
模具出气孔不适	●			●		●					
进料不足				●	●				●		
树脂干燥温度、时间不适	●						●				●
颗粒中混入其他物质	●				●		●	●			
清机不良		●					●	●			
脱模剂、防锈油不适					●			●			
粉碎树脂加入不适	●	●					●				●
树脂流动性太慢				●		●					
树脂流动性太快			●								

2.5.2　压缩成型

压缩成型也称模压成型、压塑成型。压缩成型主要用来成型热固性塑料，也可用于成型热塑性塑料。压缩热固性塑料时，塑料在型腔中处于高温、高压的作用下，由固态变为粘流态熔体，并在这种状态下充满型腔，同时塑料发生交联反应，逐步固化，最后脱模得到塑件。

1. 压缩成型特点

压力损失小，适用于成型流动性差的塑料，比较容易成型大型制品；和注射成型相比，成型塑件的收缩率小，变形小，各项性能均匀性较好；使用的设备（用液压机）及模具结构要求比较简单，对成型压力要求比较低；成型中无浇注系统废料产生，耗料少。

2. 压力机的结构

压力机分为机械式和液压式2种。机械式压力机结构简单,但由于压力不准确,运动噪声大,容易磨损,只适用于一些小型设备;液压机能提供较大的压力和行程,工作压力可调,设备结构简单,操作方便,工作平稳,因此,目前所使用的大多数为液压机。

液压机的结构一般由机身、操纵和动力3个基本部分组成(见图2-14和图2-15)。

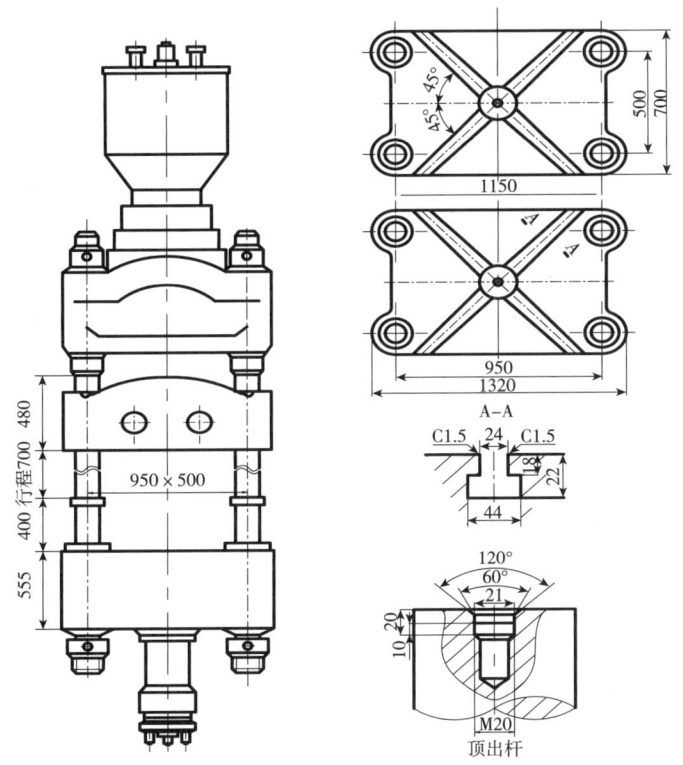

图2-14 YB32-200液压机(单位:mm)

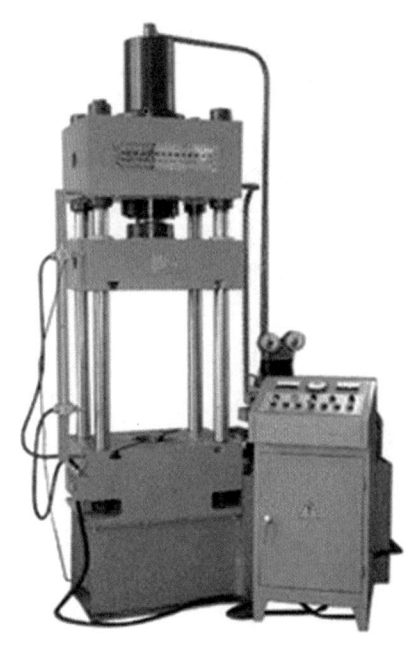

图2-15 YB32-200液压机实物图

3. 压缩成型过程

将松散塑料原料加入高温的型腔和加料室中[见图2-16(a)],然后以一定的速度将模具闭合,塑料在热和压力的作用下熔融流动,并且很快地充满整个型腔[见图2-16(b)],同时固化定型,开启模具取出制品[见图2-16(c)],成为所需的具有一定形状的塑件。

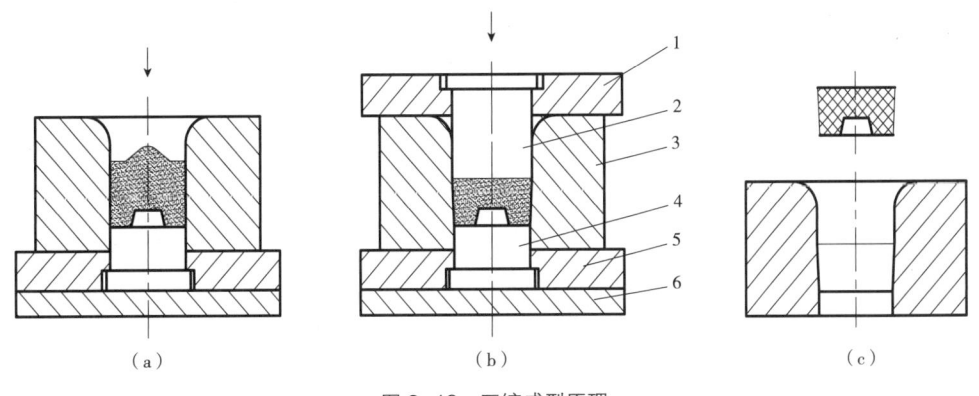

图2-16 压缩成型原理
(a)加料;(b)压模;(c)脱模
1-凸模固定板;2-上凸模;3-凹模;4-下凸模;5-下凸模固定板;6-垫板

4. 常见热固性塑料压缩成型相关参数

成型压力的大小可通过调节液压机的压力阀来控制，由压力表上读出。常见热固性塑料压缩成型压力见表2-3。

表2-3　　　　　　　　　　　常用热固性塑料的压缩成型温度和成型压力

塑料种类	压缩成型温度（℃）	压缩成型压力（MPa）
酚醛塑料 PF	146～180	7～42
三聚氰胺甲醛塑料 MF	140～180	14～56
脲甲醛塑料 UF	135～155	14～56
聚酯塑料 UP	85～150	0.35～3.5
邻苯二甲酸二丙烯酯塑 PDPO	126～160	3.5～14
环氧树脂塑料 EP	145～200	0.7～14
有机硅塑料 DSMC	150～190	7～59

2.5.3 压注成型

压注成型又称传递成型或挤塑成型，它是成型热固性塑料制品的常用方法之一。

1. 压注成型特点

压注成型塑件飞边小；可以成型深腔薄壁塑件或带有深孔的塑件，也可成型形状较复杂以及带精细或易碎嵌件塑件，还可成型难以用压缩法成型的塑件，并能保持嵌件和孔眼位置的正确；塑件性能均匀，尺寸准确，质量较高；模具的磨损较小。

压注成型虽然具有上述诸多优点，但也存在如下缺点：压注模比压缩模结构复杂，制造成本较压缩模高；塑料损耗增多；成型压力也比压缩成型时高，压制带有纤维性填料的塑料时，产生各向异性。

2. 压注成型原理

压注成型原理如图2-17所示。首先闭合模具，把预热的原料加到加料腔内［见图2-17（a）］，塑料经过加热塑化，在与加料室配合的压料柱塞的作用下，使熔料通过设在加料室底部的浇注系统高速挤入型腔［见图2-17（b）］。型腔内的塑料在一定压力和温度下发生交联反应并固化成型。然后打开模具将其取出［见图2-17（c）］，得到所需的塑件。清理加料室和浇注系统后进行下一次成型。

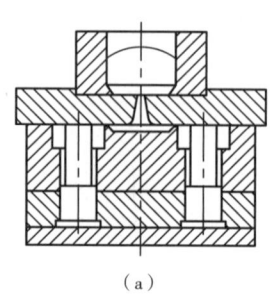 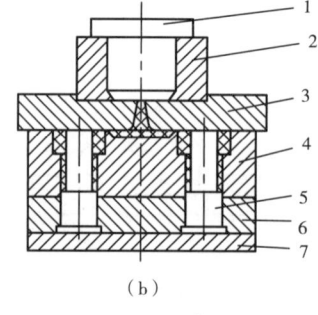 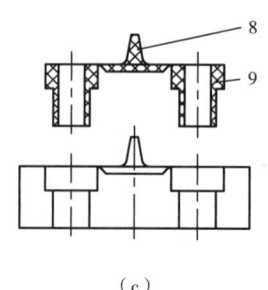

（a）　　　　　　　　　　　（b）　　　　　　　　　　　（c）

图2-17　压注成型原理
（a）加料腔；（b）型腔；（c）塑件
1-柱塞；2-加料腔；3-上模板；4-凹模；5-型芯；6-型芯固定板；7-下模座；8-浇注系统；9-塑件

2.5.4 挤出成型

挤出成型在塑料加工中又称为挤塑，在非橡胶挤出机加工中利用液压机压力于模具本身的挤出称压出。是指物料通过挤出机料筒和螺杆间的作用，边受热塑化，边被螺杆向前推送，连续通过机头而制成各种截面制品或半制品的一种加工方法。

1. 挤出成型特点

挤出成型是塑料制品的加工中最常用的成型方法之一，在塑料成型加工生产中占有很重要的地位。在塑料制品成型加工中，挤出成型塑件的产量居首位，主要用于热塑性塑料的成型，也可用于某些热固性塑料。

塑料挤出成型与其他成型方法相比较（如注射成型、压缩成型等）具有以下特点：①挤出生产过程是连续的，其产品可根据需要生产任意长度的塑料制品；②模具结构简单，尺寸稳定；③生产效率高，生产量大，成本低，应用范围广，能生产管材、棒材、板材、薄膜、单丝、电线电缆、异型材等。目前，挤出成型已广泛用于日用品、农业、建筑业、石油、化工、机械制造、电子、国防等工业部门。

2. 挤出机的结构

一台挤出设备通常由挤出机（主机）、辅机（机头、定型、冷却、牵引、切割、卷取等装置）、控制系统3部分组成，如图2-18所示。挤出成型所用的设备统称为挤出机组，主机在挤出机组中是最主要的组成部分。

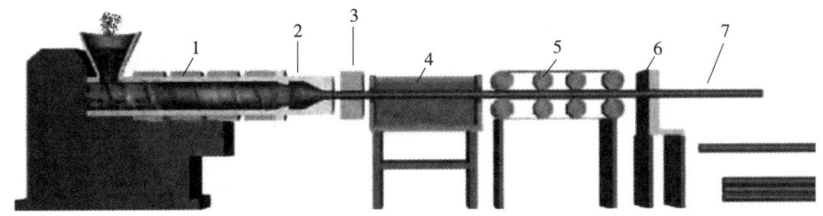

图2-18 挤出机组的组成
1-挤出机；2-机头口模；3-定型装置；4-冷却水槽；5-牵引装置；6-切割装置；7-塑料管

目前，生产中最常用的是卧式单螺杆非排气式挤出机（见图2-19）。

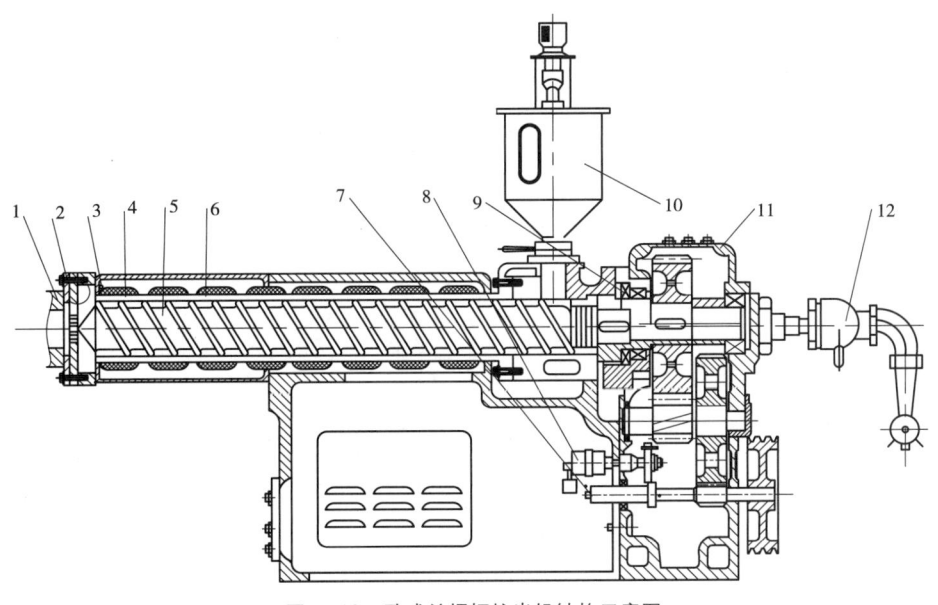

图2-19 卧式单螺杆挤出机结构示意图
1-机头连接法兰；2-过滤网；3-冷却水管；4-加热器；5-螺杆；6-料筒；7-液压泵；8-测速电动机；
9-推力轴承；10-料斗；11-减速器；12-螺杆冷却装置

挤出机的组成有挤出系统、传动系统、加热和冷却系统等3部分组成。

3. 挤出成型原理

料自料斗进入料筒，在螺杆旋转作用下，通过料筒内壁和螺杆表面摩擦剪切作用向前输送到加料段，在此松散固体向前输送同时被压实；在压缩段，螺槽深度变浅，进一步压实，同时在料筒外加热和螺杆与料筒内壁摩擦剪切作用，料温升高开始熔融，压缩段结束；均化段使物料均

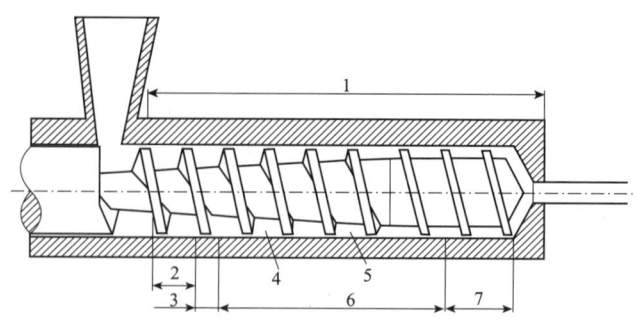

图2-20　塑料在普通螺杆挤出机中的挤出过程
1-加热外筒区；2-冷却补充区；3-固体输送区；4-固体区；
5-熔池；6-融融区；7-熔体输送区

匀，定温、定量、定压挤出熔体，到机头后成型，经定型得到制品（见图2-20）。

挤出成型可加工的聚合物种类很多，成型过程有很多差异，但基本工艺流程大致相同，如图2-21所示为几种类型的塑件挤出成型工艺流程原理图。因而，辅机的种类虽然组成复杂，但各种辅机均由机头、定型装置、冷却装置、牵引装置、切割装置和卷取装置所组成。

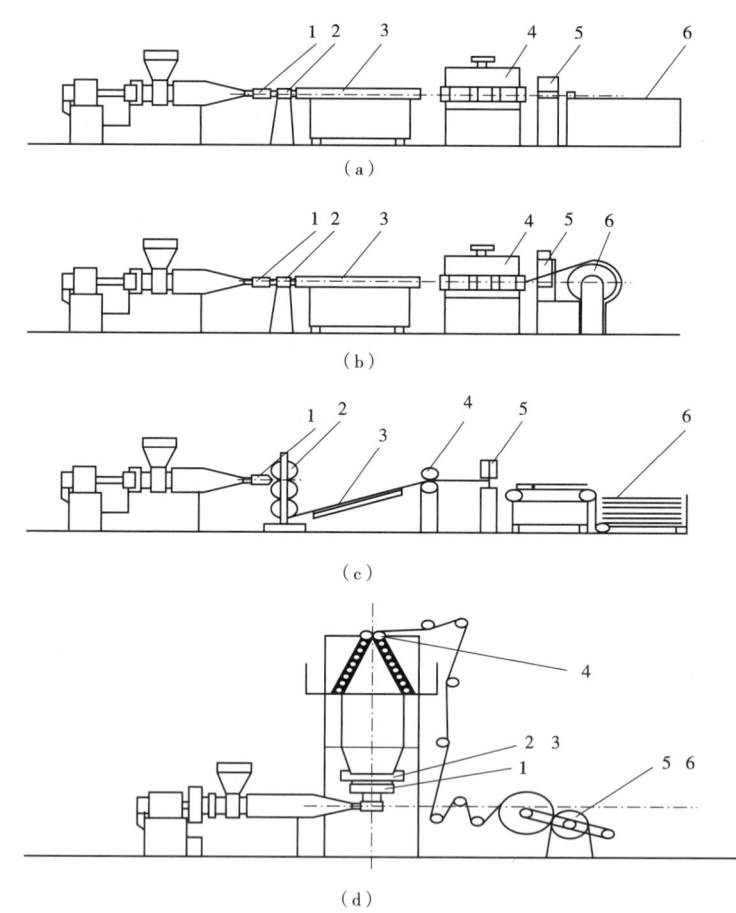

图2-21　管、板、薄膜挤出成型工艺原理图
（a）挤管（硬管）；（b）挤管（软管）；（c）挤板；（d）吹塑薄膜
1-挤头；2-定型；3-冷却；4-牵引；5-切割；6-卷曲（堆放）

4. 几种塑料管材的挤出成型工艺参数

实践表明，温度、压力、挤出速率都存在波动现象，但三者之间并不是孤立的，而是互相制约、

互相影响的。为了保证塑件质量，应正确设计螺杆、控制好加热冷却系统和螺杆转速稳定性，以减少参数波动。表2-4列出了几种塑料管材的挤出成型工艺参数。

表 2-4　　　　　　　　　　　　　几种塑料管材的挤出成型工艺参数

工艺参数	塑料管材	硬聚氯乙烯 HPVC	软聚氯乙烯 LPVC	低密度聚乙烯 LDPE	ABS	聚酰胺-1010 PA-1010	聚碳酸酯 PC
管材外径（mm）		95	31	24	32.5	31.3	32.8
管材内径（mm）		85	25	19	25.5	25	25.5
管材壁厚（mm）		5±1	3	2±1	3±1	—	—
机筒温度（℃）	后段	80~100	90~100	90~100	160~165	250~200	200~240
	中段	140~150	120~130	110~120	170~175	260~270	240~245
	前段	160~170	130~140	120~130	175~180	260~280	230~255
机头温度（℃）		160~170	150~160	130~135	175~180	220~240	200~220
口模温度（℃）		160~180	170~180	130~140	190~195	200~210	200~210
螺杆转速（r/min）		12	20	16	10.5	15	10.5
口模内径（mm）		90.7	32	24.5	33	44.8	33
芯模外径（mm）		79.7	25	19.1	26	38.5	26
稳流定型段长度（mm）		120	60	60	50	45	87
拉伸比		1.04	1.2	1.1	1.02	1.5	0.97
真空定径套内径（mm）		96.5	—	25	33	31.7	33
定径套长度（mm）		300	—	160	250	—	250
定径套与口模间距（mm）		—	—	—	25	20	20

注　稳流定型段由口模和芯模的平直部分构成。

2.5.5　中空吹塑成型

中空吹塑成型工艺就是将尚呈熔融状态的型胚置入模具之中，并输入压缩空气，将其从中间吹胀，使之紧贴于模具型腔成为与模具型腔完全一致的中空容器。经保压、冷却定型后成为所需制品的成型方法。

中空吹塑成型包括挤出吹塑成型和注射吹塑成型两种。挤出吹塑成型与注射吹塑成型的不同之处仅仅在于型胚成型方法的不同。前者的型腔是由挤出机机头直接挤出成型的，而后者的型胚则是由注射机注入注射模的型腔中成型的。

几乎所有的热塑性塑料皆可用于吹塑成型中空制品，如高、低密度聚乙烯，聚丙烯，聚碳酸酯，聚砜，醋酸乙烯酯，聚氯乙烯，聚苯乙烯等。

中空吹塑用途广泛，能吹塑成型形状复杂、图案细致的中空制品、人体模型、动物模型、大型容器、壶、桶、瓶子、化妆品和饮料的外包装等。

挤出吹塑工艺是中空制品的主要成型方法。投资小、模具简单易于制造，周期短，见效快，适于各种生产批量。缺点是制品厚度不均，需后加工，劳动强度大。

注射吹塑成型的优点是制品厚薄均匀，无飞边，制品螺纹口规整，底部无拼合缝，效率高，强度好。缺点是注射设备及模具的成本高，投资大。它适于中、小型中空制品的大批量生产——尤其是小型中空制品。

1. 中空吹塑成型设备

中空吹塑成型设备包括挤出机、注射机、挤出机头、模具以及合模和供气设备。①挤出机和注射机用常用的即可；②机头：要根据制品所需的型坯直径和壁厚的不同进行配制、更换。机头的结构和参数直接影响制品的质量。常用机头有直接供料式和芯棒式两种；③模具：常用模具均为对开式。模口做成切口用以切断型坯。大型吹塑模应设计冷却水道。在吹塑中模具型腔的压力约为（0.2～0.7）MPa。模具因其结构和工艺方法的不同分为上吹口和下吹口 2 类。

2. 挤出吹塑中空成型工艺

挤出吹塑成型是中空制品的主要成型方法，其成型工艺过程如图 2-22 所示。

挤出机头 1 挤出熔融状态的塑料型坯 3，将型坯 3 放入对开的吹塑模具 2 之中［见图 2-22（a）］；将模具闭合上端夹紧型胚并将压缩空气吹管插入型坯 3 之中［见图 2-22（b）］；再输入一定压力的压缩空气，使型坯胀大而充满型腔，并紧密贴附于型腔壁，保压使之成型［见图 2-22（c）］；待冷却成型后，关闭压缩空气，打开模具，取出制品［见图 2-22（d）］，完成吹塑中空成型工艺的全过程。

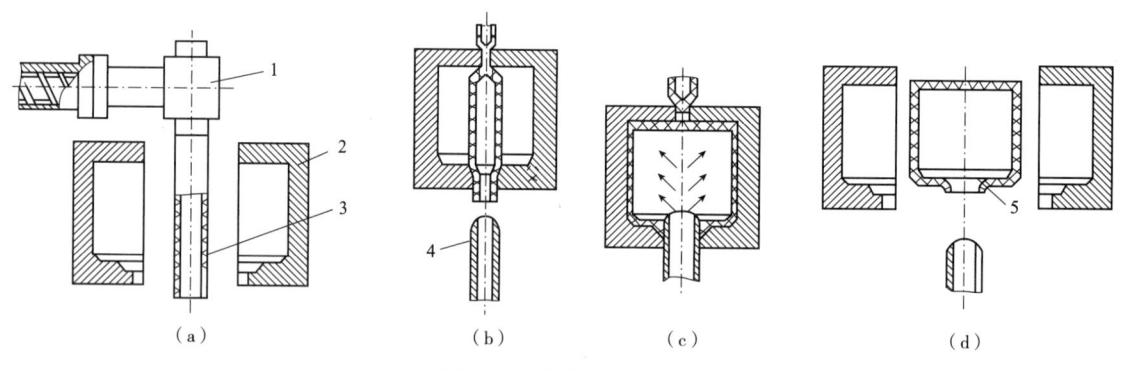

图 2-22　挤出吹塑成型
（a）挤出型坯；(b) 模具闭合；(c) 通入压缩空气、保压；(d) 冷却、定形、排气
1- 挤出机头；2- 吹塑模；3- 管状型坯；4- 压缩空气吹管；5- 塑件

3. 注射吹塑中空成型工艺

注射吹塑中空成型的工艺过程如图 2-23 所示。

注射机喷嘴将熔融塑料射入型坯模具中包附于空心凸模 3 之上制成型坯 2［见图 2-23（a）］；将凸模 3 连同型坯 2 一同移到吹塑模 5 之中［见图 2-23（b）］；合模并输入压缩空气，将型坯吹胀，使之紧贴于模具型腔壁，冷却，保压成型［见图 2-23（c）］；关闭压缩空气，抽出空心凸模，打开模具，取出制品［见图 2-23（d）］，完成注射吹塑中空成型工艺的全过程。

2.5.6　真空成型

真空成型亦称真空吸塑成型，是将热塑性塑料片材固定在模具上，通过辐射加热使之成为塑化状态之后，将片材与模具型腔之间的空气抽净，成为真空，使片材紧紧吸附于模具型腔（或型芯）壁上并与之完全密合一致，经冷却定型后成为所要求的制品，再用压缩空气将其送出型腔的成型工艺方法。常用片材有聚乙烯、聚苯乙烯和聚氯乙烯等。

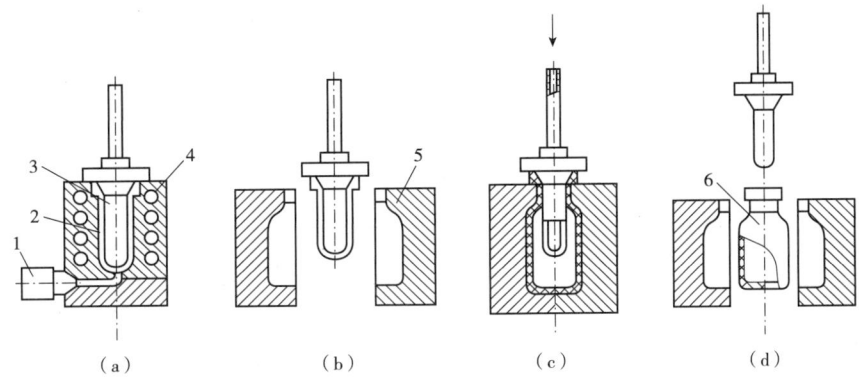

图 2-23 注射吹塑成型
(a) 注射型坯;(b) 移入吹塑模内;(c) 通入压缩空气、吹涨;(d) 保压、冷却定型、排气
1-注塑机喷嘴;2-注塑型坯;3-空心凸模;4-加热器;5-吹塑模;6-塑件

1. 真空成型的工艺特点

（1）成型中小制品也可型大型制品，甚至可成型 3m×9m 的单型腔制品。

（2）壁薄、省料：型坯的片材厚度一般仅有 1~2mm，特殊制品的片材厚度可达 0.05mm。

（3）成型时的压力小。型坯上部的压力保持在 0.1MPa 左右；下部的成型压力只有 0.06~0.085MPa 模具成型零件的磨损小。

（4）制品形状、尺寸精度不高，模具简单、易于制造，成本低，投资少。

（5）制品不允许有侧凹和侧孔。

（6）真空成型属内凹外凸的诸如快餐饭盒之类的半壳形制品。

2. 真空成型的工艺

真空成型的主要方法有凹模真空成型；凸模真空成型；凸凹模先后抽真空成型；吹泡真空成型等。

凹模真空成型，如图 2-24 所示。凹模真空成型工艺是将片材四周在模具上夹紧，然后加热使片材至塑化状态［见图 2-24（a）］；在片材下面抽真空，使片材紧紧吸附于凹模内壁型腔［见图 2-24（b）］；当制品冷却定型后，从抽真空的下面孔中输入压缩空气，吹出制品，完成凹模真空成型的一次循环。

凹模真空成型适于成型深度不大的制品。制品深度过大时，特别是小制品其底部转角处明显变薄，制品强度差，易损坏。但凹模真空成型制品的外表面尺寸精度较高。

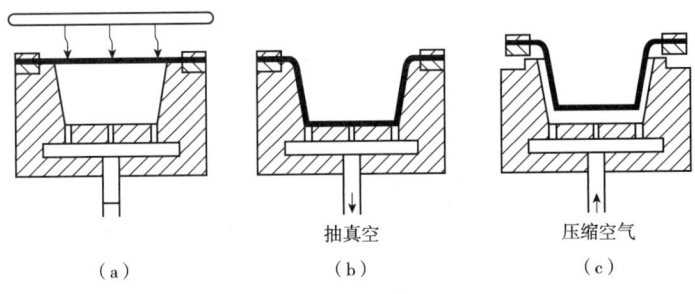

图 2-24 凹模真空成型
(a) 加热；(b) 模具下方抽真空；(c) 模具下方充入压缩空气

凸模真空成型，如图 2-25 所示。凸模真空成型工艺与凹模真空成型工艺基本相同，所不同的是前者的型坯片材是按凹模成型而后者则按凸模成型。这是其一；其二是要求底部厚度不减薄的制品应选用凸模真空成型工艺。

凸凹模先后抽真空成型，如图 2-26 所示。片材四边夹紧后加热板加热，使片材塑化，移开加热板［见图 2-26（a）］；凸模输入压缩空气而凹模同时抽真空使片材下陷呈下悬垂状［见图 2-26（b）］；之后，凸模进入下垂的软片材中并抽真空吸住片材而凹模则同时输入压缩空气，对型坯加以一定压力，促使片材更紧密地吸附贴合在凸模型面上。冷却定型后，凸模输入压缩空气，使制品脱离凸模。此工艺成型的制品厚度较均匀，适于成型深腔制品。

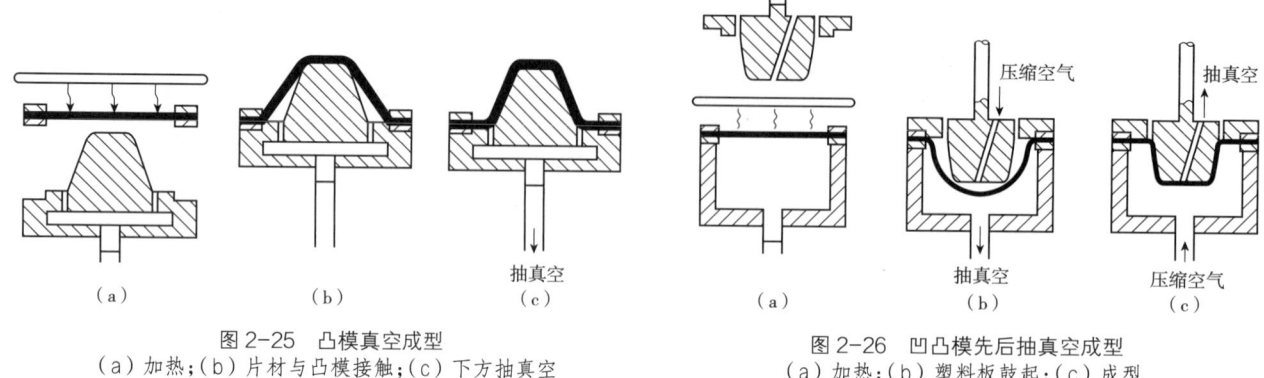

图 2-25　凸模真空成型
(a) 加热；(b) 片材与凸模接触；(c) 下方抽真空

图 2-26　凹凸模先后抽真空成型
(a) 加热；(b) 塑料板鼓起；(c) 成型

吹泡真空成型，如图 2-27 所示。片材坚固后加热软化 [见图 2-27 (a)]；输入压缩空气使片材向上凸起同时将凸模升起，与片材间形成封闭态 [见图 2-27 (b)]，最后凸模抽真空，将片材紧密吸附于凸模，经冷却定型后，松开固定处，凸模通压缩空气将制品脱出。

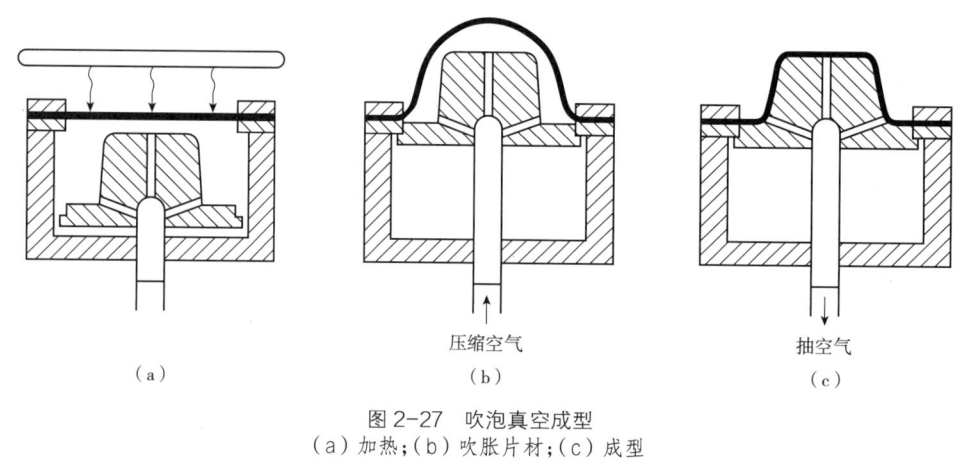

图 2-27　吹泡真空成型
(a) 加热；(b) 吹胀片材；(c) 成型

2.5.7　压缩空气成型

压缩空气成型与真空成型不但原理相同而且很多地方比如制品的形状和尺寸精度、圆角、斜度和加强筋等也都相同。所不同的主要有 3 方面：①对片材所加的成型压力由压缩空气代替抽真空；②施加压力的不同，真空成型很难达到 0.1MPa 以上的成型压力，而压缩空气成型时可施加 1MPa 以上的成型压力；③压缩空气成型模上有型刃，可切除成型中产生的余料而真空吸塑成型工艺则没有；④加热时，加热板直接接触片材，加热快，效率高。

压缩空气的成型工艺过程如图 2-28 所示。

图 2-28 (a) 所示为板材放在加热板和凹模之间加热。同时加热板轻压在板材上，并在排气的同时，从凹模底部输入压缩空气，使板材紧贴加热板。这样可加快加热速度 [见图 2-28 (b)]；板材迅速软化，直到达到成型温度后，电热板此时输入压缩空气，使板材紧贴在凹模成型面上并将其间的空气排出 [见图 2-28 (c)]；板材此时已成型，待冷却后停止压缩空气从加热板进入型

腔。加热下降，将制品余料切除［见图2-28（d）］；从凹模底部输入压缩空气，使制品脱模［见图2-28（e）］。

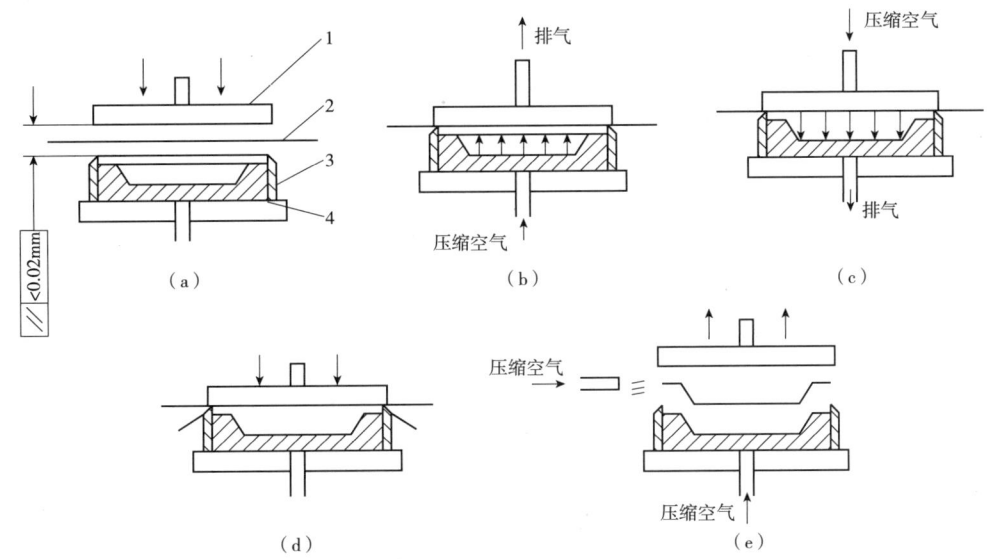

图 2-28 压缩空气成型工艺过程
（a）加热；（b）板材被压紧；（c）板材软化，成型；（d）切边；（e）取出塑件
1-加热板；2-塑料板；3-型刃；4-凹模

2.6 塑料产品的面饰工艺

塑料是重要的高分子材料。经过100年的发展，从人们的日常生活到国家的国防建设，到处都能看到塑料的身影。这种人工合成材料在人类发展历史上扮演了重要的角色，不仅极大地丰富了人们的物质需求，也潜移默化地影响着人们的消费观念。毫不夸张地说，当今世界就是一个塑料的世界。与其他材料相比，塑料容易成型、强度高、质量轻、性能稳定、适合批量生产，因此成为备受设计师青睐的造型材料。一般来说，塑料的着色和表面肌理装饰，在塑料成型时可以完成，但是为了增加产品的寿命，提高其美观度，一般都会对表面进行二次加工，进行各种装饰处理。

现代的塑料加工技术，可以把塑料加工成装饰效果极佳的各种产品：良好的着色性赋予产品各种颜色；金属涂覆技术给塑料产品以金属光亮的外观；人造肌理可以十分逼真地模仿自然材料的感觉物性；植绒技术让塑料产品给人以柔软、温暖的亲切感。可以说，没有一种设计材料可以在装饰的多样性和装饰效果方面能与塑料相提并论。

下面我们通过案例就塑料的表面处理技术作一简单概述。

2.6.1 着色

塑料着色是在塑料原料中添加了着色剂，使塑料在熔融状态下均匀着色，最后成型为有色制品的工艺过程。

塑料有良好的着色性能，大约80%的塑料制品是通过添加着色剂成为有色制品的。着色的塑料制品不仅具有美化外观的功能，而且还增加了制品其他一些功能，如色别标识，遮蔽缺陷，改善制品耐

图 2-29 塑料的着色（单色）

候性，红外线的吸收、反射等（见图 2-29）。

2.6.2 涂饰

塑料的涂饰是将涂料施涂于塑料制品的表面，流平成光滑的薄薄的一层漆膜，然后使之固化，使涂层牢固地附着于制品表面的工艺过程。一般而言，涂饰可以比着色制品有更好的美学效果。相比着色方法获得色彩，涂饰工艺具有以下特点：①可以方便地调整制品表面的颜色和光泽，难以着色的制品可通过涂饰得到理想的色彩；②可以覆盖制品成型时产生的色差、收缩纹、接缝线、轻微伤痕等表面缺陷，得到光滑的表面；③采用涂饰工艺可以满足制品不同部位的多种颜色要求（见图 2-30）。

图 2-30 塑料表面的涂饰（玩具车）

2.6.3 丝网印

丝网印刷是将丝织物、合成纤维织物或金属丝网绷在网框上，采用手工刻漆膜或光化学制版的方法制作丝网印版。现代丝网印刷技术，则是利用感光材料通过照相制版的方法制作丝网印版（使丝网印版上图文部分的丝网孔为通孔，而非图文部分的丝网孔被堵住）。印刷时通过刮板的挤压，使油墨通过图文部分的网孔转移到承印物上，形成与原稿一样的图文。

丝网印刷设备简单、操作方便，印刷、制版简易且成本低廉，适应性强。丝网印刷应用范围广，常见的印刷品有：油画、版画、招贴画、名片、装帧封面、商品包装、商品标牌、印染纺织品、玻璃及金属等平面载体等。

丝网印刷一次只能印刷一种颜色。针对多色彩的印刷就要进行复杂、繁琐的套色，套色对技术的要求比较高，此方面的技术人员相对较少，如果一次需要印刷四五种颜色，就难免会出现套色不准的现象，容易增加产品的报废率，成本也就相应地提高。像 4 种色彩以上或有渐变色的图案，不适合采用丝网印刷（见图 2-31）。

图 2-31　丝网印刷制版及印刷制品

2.6.4　移印

移印工艺十分简单，采用凹版，利用硅橡胶材料制成的曲面移印头，将凹版上的油墨蘸到移印头的表面，然后往需要的对象表面压一下就能够印出文字、图案等。

移印工艺可印制各种复杂的不规则的曲面，甚至表面相当粗糙的塑件。由于使用凹版，文字及精细的图案均能精确印制。印刷用的油墨干燥很快，所以不通过干燥工序，便可实现连续多色印刷（见图 2-32 和图 2-33）。

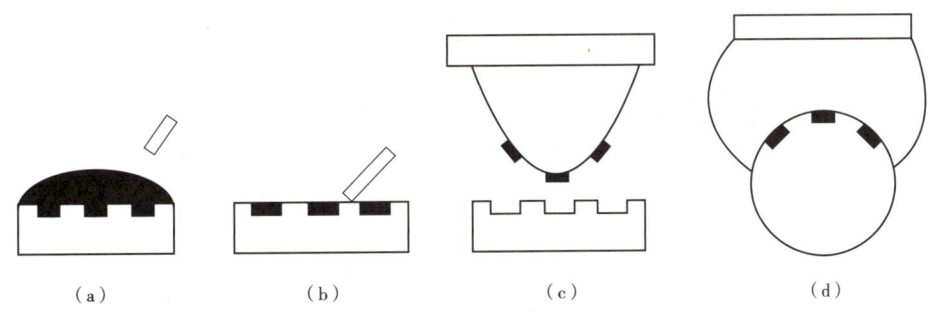

图 2-32　移印过程示意图
(a) 上墨；(b) 刮墨；(c) 沾墨；(d) 移印

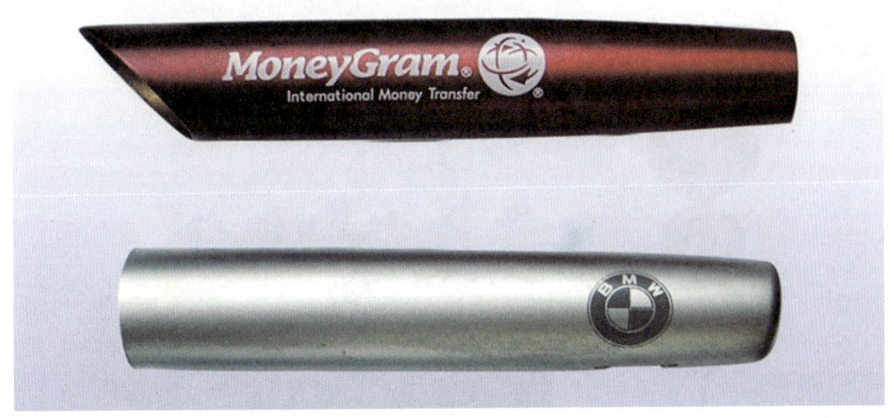

图 2-33　移印产品

图 2-34 热转印产品

2.6.5 热转印

热转印是一项新兴的印刷工艺,由国外传入不过 10 多年的时间。该工艺印刷方式分为转印膜印和转印加工两大部分,转印膜印刷采用网点印刷(分辨率达 300dpi),将图案预先印在薄膜表面,印刷的图案层次丰富、色彩鲜艳,千变万化,色差小,再现性好,能达到设计图案者的要求效果,并且适合大批量生产;转印加工通过热转印机一次加工(加热加压)将转印膜上精美的图案转印在产品表面,成型后油墨层与产品表面融为一体,逼真漂亮,大大提高产品的档次(见图 2-34)。

2.6.6 电镀

在塑料制件上电沉积金属镀层的过程称为塑料电镀。与金属制件相比,塑料电镀制品不仅可以实现很好的金属质感,而且能减轻制品重量,在有效改善塑料外观及装饰性的同时,也改善了其在电、热及耐蚀等方面的性能,提高了其表面机械强度(见图 2-35 和图 2-36)。

图 2-35 电镀水龙头　　　　图 2-36 电镀标牌

2.6.7 其他面饰工艺

塑料产品除了以上表面装饰工艺以外,还有植绒、真空镀膜、贴面装饰、模内复合、模内镶嵌、模内贴标等(见图 2-37 ~ 图 2-40)。

图 2-37 塑料植绒

图 2-38　模内贴标

图 2-39　模内镶嵌

图 2-40　真空镀膜

2.7　塑料制品设计原则

2.7.1　塑料制件设计基本原则

（1）在满足使用性能，物理性能，力学性能，耐蚀性能耐热性能等条件下，尽量使用低价和成型性能好的塑料。

（2）力求结构简单，壁厚均匀，成型方便。

（3）考虑模具总体结构，便于模具制造、推出。

（4）塑件成型后尽量不再进行机械加工。

2.7.2 塑料制品结构设计要素

为达到以上要求，在设计中应充分考量以下设计要素。

1. 脱模斜度

脱模斜度是指与脱模方向平行的塑件表面上应具有的倾斜角度。其主要作用包括2点：①协助脱模。塑件在型腔中成型后，由于塑料的成型收缩，使塑件紧紧包住型芯或型腔中的凸起部分而难以脱模，有了脱模斜度，就能使塑件易于脱离模具型腔；②保证塑件表面质量。塑件成型后会紧紧黏附在型腔表面，如果由顶出机构强力脱模，这种强大的外力难免将塑件表面拉毛或擦伤，以至降低塑件的表面质量。

脱模斜度的设计过程中，应该注意以下几点。

（1）精度越高的塑件，脱模斜度应取小值，才能得到精度高的塑件；尺寸越大的塑件，由于脱模较容易，脱模斜度可取小值。

（2）对于含有玻纤的增强塑料制作的塑件，由于摩擦因素较大，宜用较大脱模斜度。

（3）如果塑料配方含有润滑剂，这种塑件的脱模较容易，宜选用较小脱模斜度。

（4）对于形状复杂的塑件，脱模难度往往较大，应选用较大的脱模斜度。

（5）对于收缩率较大的塑料，与模腔的黏附性较强，须选用较大的脱模斜度。

（6）斜度的方向，内孔以小端为准，满足图样尺寸要求，斜度向扩大方向取得；外形则以大端为准，满足图样要求，斜度向偏小方向取得。

（7）一般情况下，脱模斜度可不受塑件公差带的限制，但高精度塑件的脱模斜度则应在公差带内。

（8）型芯表面的粗糙度较小，抛光方向与脱模方向一致，塑件与模具材料的摩擦因素较低，塑料成型收缩率较小，塑件刚度足够时，脱模较为容易，脱模斜度可取小值，反之取大值。

（9）若塑件内外侧都有斜度，并要塑件留在型芯上，则内表面的斜度应小于外表面，甚至不设计斜度，或将型腔的脱膜斜度加大些。

（10）塑料品种不同，脱模斜度也有区别，表2-5是常用制品的脱模斜度。

表2-5　　　　　　　　　　　　　　　　塑件的脱模斜度

塑料名称	脱模斜度	
	型腔	型芯
PE、PP、LPVC、PA、CPT	25′~45′	20′~45′
HPVC、PC、PSU	35′~40′	30′~50′
PMMA、PS、POM	35′~1°30′	30′~40′
热固性塑料	25′~40′	20′~50′

2. 壁厚

塑料制品的壁厚对制品质量影响较大。壁厚过厚，不但用料多、成本高还容易产生气泡、缩化、凹陷等缺陷，而且冷却时间长生产效率低（对热塑性塑料制品而言），而热固性塑料制品固化成型时间更长，往往固化不全。壁厚过薄，成型困难，流动阻力大，尤其是大型和形状复杂的制品。

所以，塑料制品设计时，在满足产品强度的前提下，尽量采用小壁厚设计。制品最小壁厚的确定原则是：脱模时受顶出零件的推力不变形，且能承受装配时的紧固力。

壁厚因制品大小和塑料品种的不同而异。热塑性塑料制品的最小壁厚可以达到0.25mm，但一般在0.6~0.9mm之间。

热固性塑料的小型制品，壁厚为1.6~2.6mm，大型制品为3.2~8mm，流动性差的如纤维增强塑料、布基酚醛塑料取最大值，但不宜超过10mm。

塑料制品的壁厚设计见图2-41。

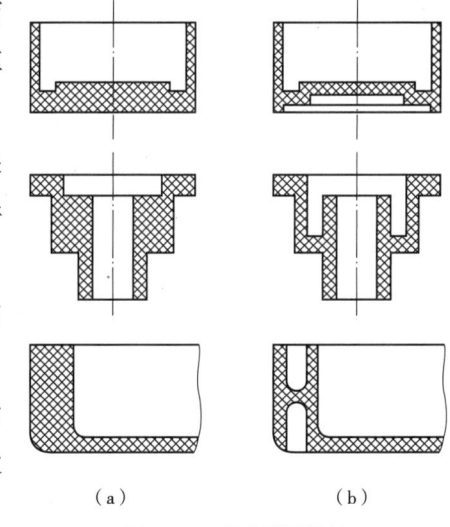

图2-41 塑件壁厚设计
（a）不良；（b）良

表2-6为热固性塑料制品壁厚的推荐值，表2-7为热塑性塑料制品的壁厚推荐值。

表2-6　　　　　　　　　　　热固性塑料制品壁厚推荐值　　　　　　　　　　　单位：mm

塑件材料	塑件外形高度尺寸		
	小于50	50~100	大于100
粉状填料的网酚醛塑料	0.7~2	2.0~3	5.0~6.5
纤维状填料的酚醛塑料	1.5~2	2.5~3.5	6.0~8.0
氨基塑料	1.0	1.3~2	3.0~4
玻纤填的聚酯塑料	1.0~2	2.4~3.2	>4.8
无机物填料的聚酯塑料	1.0~2	3.2~4.8	>4.8

表2-7　　　　　　　　　　　热塑性塑料制品壁厚推荐值　　　　　　　　　　　单位：mm

塑料	最小壁厚	小型塑件推荐壁厚	中型塑件推荐壁厚	大型塑件推荐壁厚
聚酰胺 PA	0.45	0.75	1.6	2.4~3.2
聚乙烯 PE	0.6	1.25	1.6	2.4~3.2
聚苯乙烯 PS	0.75	1.25	1.6	3.2~5.4
改性聚苯乙烯	0.75	1.25	1.6	3.2~5.4
有机玻璃（372″）PMMA	0.8	1.5	2.2	4~6.5
硬聚氯乙烯 HPVC	1.15	1.6	1.8	3.2~5.8
聚丙烯 PP	0.85	1.45	1.75	2.4~3.2
氯化聚醚 CPT	0.85	1.35	1.8	2.5~3.4
聚碳酸酯 PC	0.95	1.8	2.3	3~4.5
聚苯醚 PPO	1.2	1.75	2.5	3.5~6.4
醋酸纤维素 CA	0.7	1.25	1.9	3.2~4.8
乙基纤维素 EC	0.9	1.25	1.6	2.4~3.2
丙烯酸类 PPA	0.7	0.9	2.4	3.0~6.0
聚甲醛 POM	0.8	1.40	1.6	3.2~5.4
聚砜 PSU	0.95	1.80	2.3	3~4.5

实验证明，各种塑料在常规工艺条件下，流程长短与制品的壁厚成正比，即流程越长、壁厚越厚，反之不然。

3. 圆角

除要求采用尖角外，其余所有内外表面转变处应尽可能采用圆角过渡，以减小应力集中。同时，

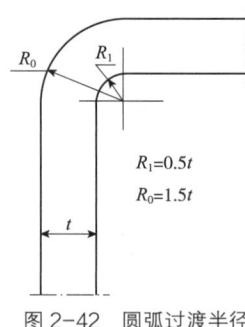

图2-42 圆弧过渡半径

可提高制品强度，改善流动性，利于成型和脱模。

在制品结构无特殊需求时，制品各连接处的圆角半径不小于0.5～1.0mm；内外表面的转角处可按照图2-42设计。

4. 孔

塑料制品上有通孔、盲孔、异形孔和螺孔。孔的设计原则是：形状宜简单，圆孔最好，易于成型；位置应设计在不降低制品强度之处。

孔间距和孔边距应不小于表2-8中的推荐值。

表2-8　　热固性塑料孔间距、孔边距与孔径的关系　　单位：mm

孔的直径 d	<1.5	1.5～3	3～6	6～10	10～18	18～30
孔间距、孔边距 b	1～1.5	1.5～2	2～3	3～4	4～5	5～7

注 ①热塑性塑料为热固性塑料的75%；②增强塑料宜取大；③两孔径不一致时，则以小孔之孔径查表。

孔径与孔深的关系如图表2-9所示。

表2-9　　　　　　　　孔径与孔深的关系　　　　　　　　单位：mm

成型方式		孔的深度 d	
		通孔直径	不通孔直径
压缩模塑	横孔	2.5d	<1.5d
	竖孔	5d	<2.5d
挤出或注射模塑		10d	4～5d

注 ①d为孔的直径；②采用纤维状塑料时，表中数值乘系数0.75。

如果制品上孔间距或孔边距小于表2-9中的数值时，可将图2-43（a）所示的孔改为图2-43（b）所示之孔的结构形式。

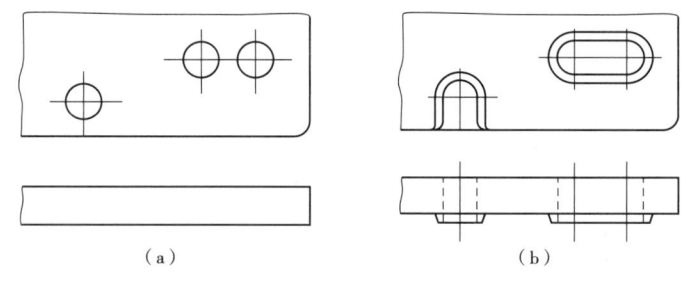

图2-43 孔间距或孔边距过小时的改进设计
（a）不良；（b）良

制品上承受载荷的受力孔或装配时须紧固受力的孔，应设计如图2-44所示的凸台加强之，以保证使用的可靠性。

热固性压缩制品不宜将两孔设计为相互垂直或斜交孔；然而在注射模或传递模型中却可以采用，但应设计成图2-45（b）所示的结构形式而切不可设计成图2-45（a）所示的结构形式。

抽芯时，固定孔应设计成图2-46（a）、（c）所示的结构形式而切不可采用图2-46（b）所示的形式。

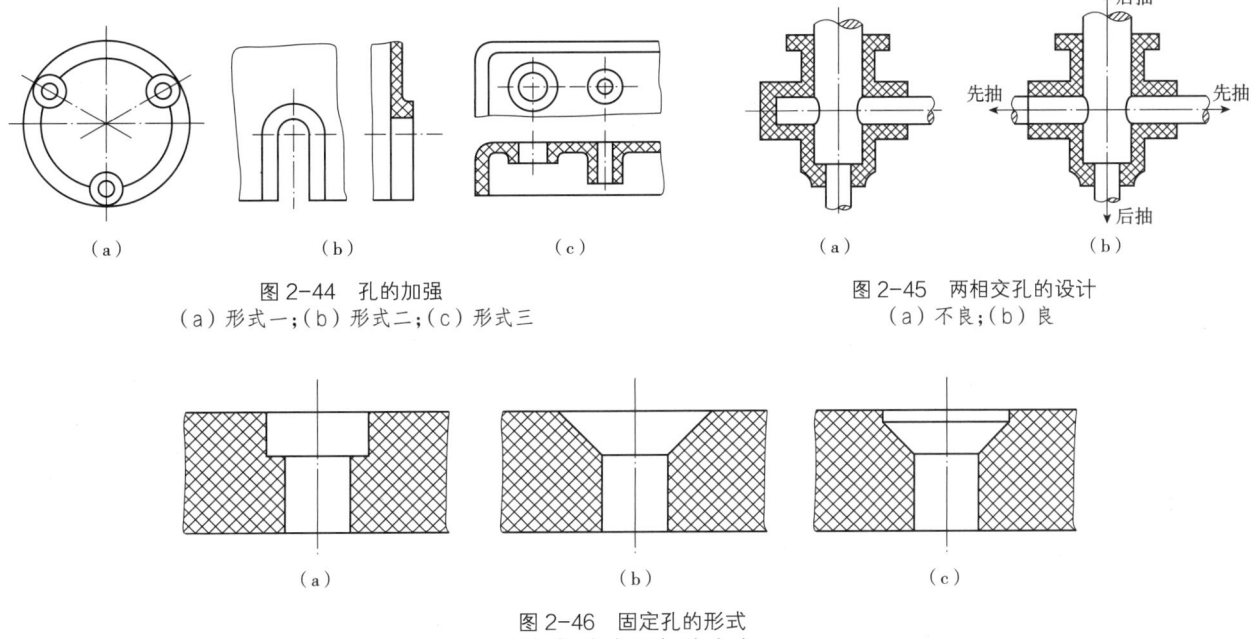

图 2-44 孔的加强
(a) 形式一；(b) 形式二；(c) 形式三

图 2-45 两相交孔的设计
(a) 不良；(b) 良

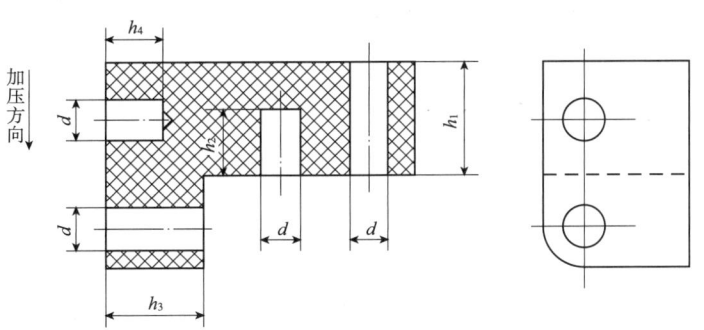

图 2-46 固定孔的形式
(a) 良；(b) 不良；(c) 良

热塑性和热固性塑料制品，孔的极限尺寸如图 2-47、表 2-10 和表 2-11 所示。

图 2-47 热固性塑料孔的极限尺寸

表 2-10　　　　　　　　　　　热塑性件孔的极限尺寸　　　　　　　　　　单位：mm

塑料名称	孔的最小直径	孔的最大深度 h'	
		盲孔直径	通孔直径
聚酰胺	0.20	$4d$	$10d$
聚乙烯	0.20	$4d$	$10d$
软聚氯乙烯	0.20	$4d$	$10d$
聚甲基丙烯酸甲酯	0.25	$4d$	$8d$
聚甲醛	0.30	$3d$	$8d$
聚苯醚	0.30	$3d$	$8d$
硬聚氯乙烯	0.25	$3d$	$8d$
改性聚苯乙烯	0.30	$3d$	$8d$
聚碳酸酯	0.35	$2d$	$6d$
聚砜	0.35	$2d$	$6d$

表 2-11　热固性塑料孔的极限尺寸　　　　单位：mm

塑件材料	孔的最小直径		孔的最大深度 h'							
	一般	技术上可能的	压缩				注射、压注			
酚醛	1.0	0.8	<5d	<2.5d	<3d	<1.5d	<6d	<4d	<6d	<4d
氨基										
纤维	1.5	1.0	<4d	<2d	<2.5d	<1.2d	<5d	<2d	<4d	<2d
碎布									—	—	—	—

通孔的成型方法。如图 2-48 所示。图 2-48（a）所示结构的型芯端面装配时应涂红粉与上成型面合模后印上的红粉面积应达到型芯端面积的 85% 以上，其目的是为了减少或避免飞边的产生。图 2-48（b）图所示之大小型芯端面，也应如图 2-48（a）打红粉检查修配，达到上述要求。图 2-48（c）所示的型芯端部应加工成不大于 60° 的尖头。尖端处有 R1～2 的圆弧，锥面与成型外圆相交处应以圆弧过渡以减少型芯在合膜插入时对上孔孔口的磨损。

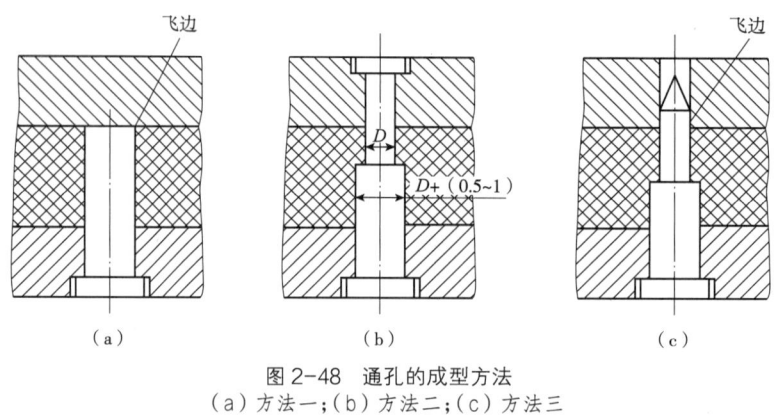

图 2-48　通孔的成型方法
（a）方法一；（b）方法二；（c）方法三

异形孔的成型方法如图 2-49 所示，装配时，配合面均应涂红粉检查修配，红粉接触面积均应大于 85%，而且红粉接触均匀。

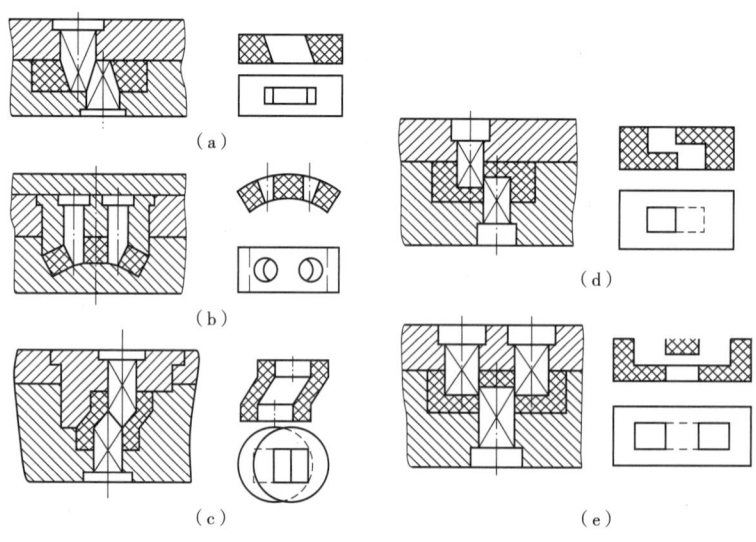

图 2-49　用拼合型芯成型异形孔
（a）方式一；（b）方式二；（c）方式三；（d）方式四；（e）方式五

5. 加强筋与支承面

为了使制品具有一定的强度和刚度，以满足使用功能之要求而又不使其厚度过厚，以免产生凹陷，气泡等缺陷，需在制品需要加强之处设计加强筋。加强筋的常用形状和尺寸如图 2-50 所示。图 2-51 所示为增加加强筋以减小壁厚，使壁厚均匀之一例。

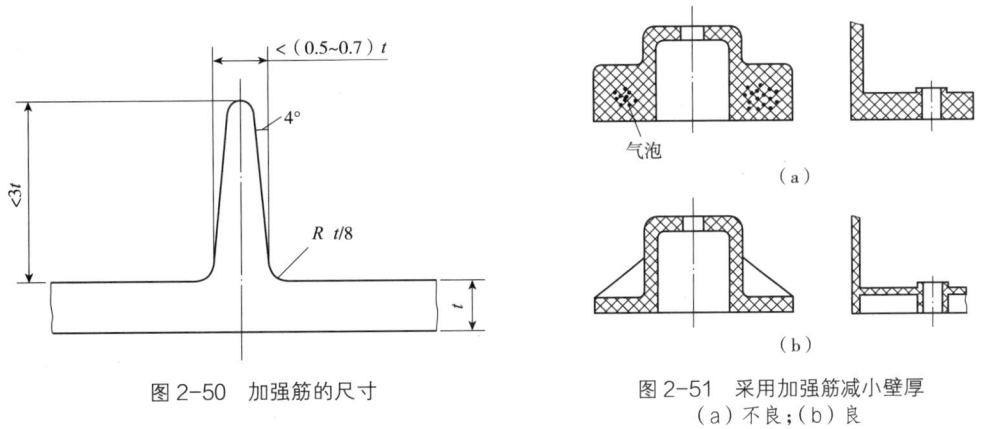

图 2-50 加强筋的尺寸

图 2-51 采用加强筋减小壁厚
(a) 不良；(b) 良

加强筋设计原则是：①防止塑料局部集中，以免产生缩孔、气泡；②加强筋不宜过高过密，两筋之间距离大于 2～3 倍壁厚；③加强筋的朝向应与成型时熔体方向一致，减少流动阻力利于成型；④加强筋端面应低于制品支承面 0.6～0.8mm；如图 2-52 和图 2-53 所示。

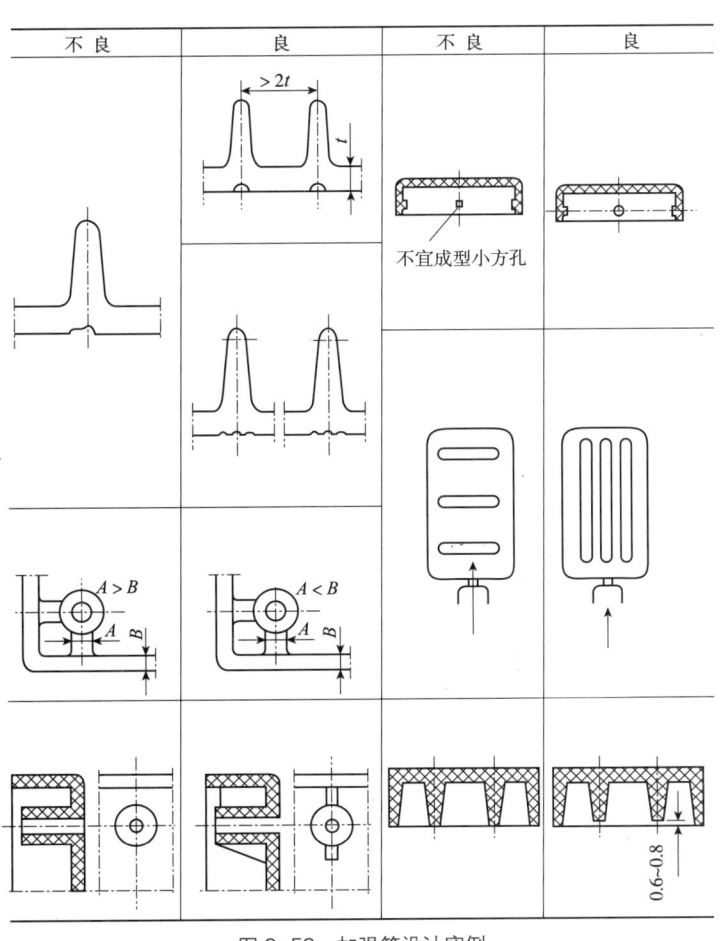

图 2-52 加强筋设计实例

塑料制品的支承面如图2-54和图2-55所示。

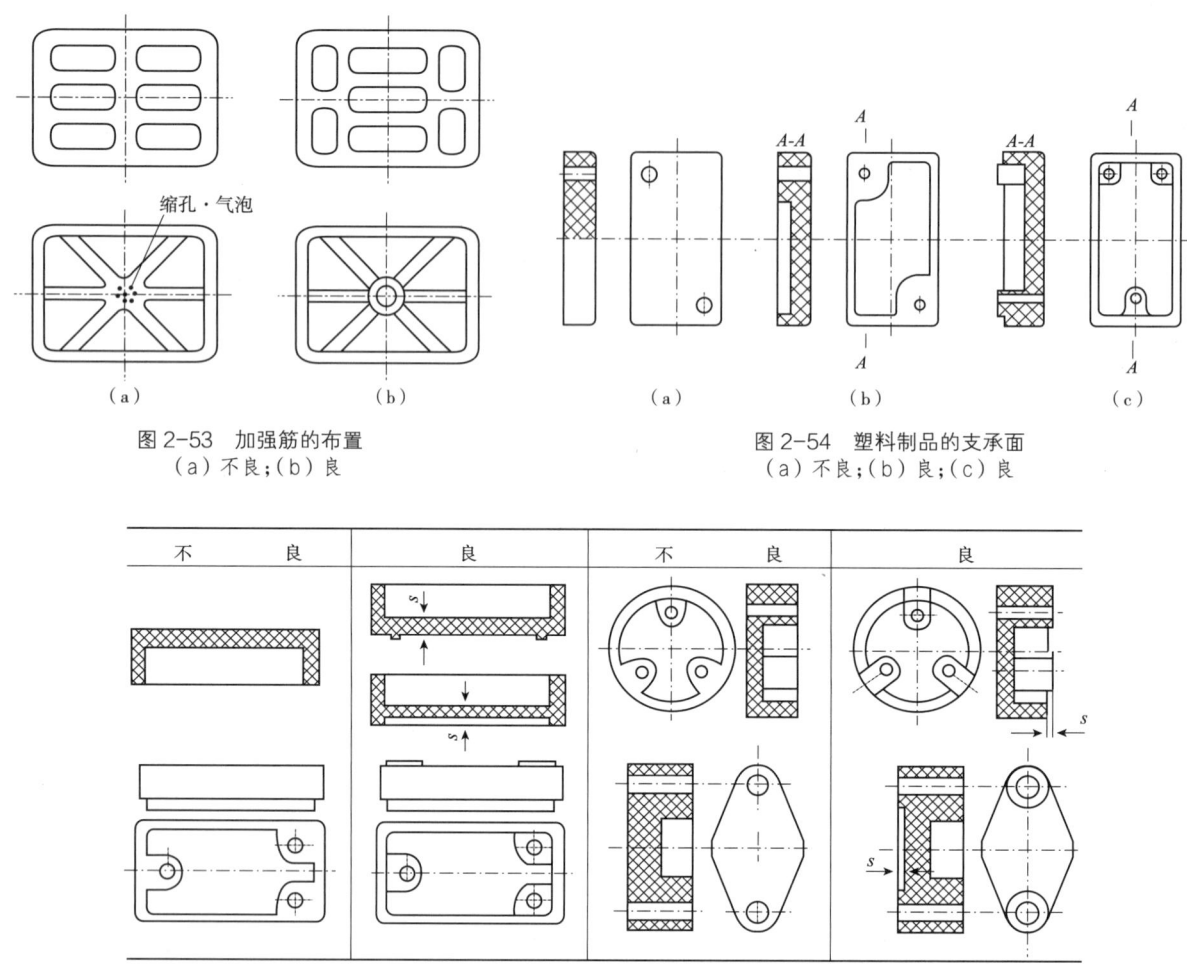

图2-53 加强筋的布置
(a)不良；(b)良

图2-54 塑料制品的支承面
(a)不良；(b)良；(c)良

图2-55 支承面设计实例

塑料制品由于变形是不能以整个平面作为支承的，所以必须设计恰当的支承面。支承面设计原则是：①与制品的几何中心对称、均衡，以保证制品使用的稳定性；②尽量设计在靠近受力点处并与受力中心对称、均衡以免破坏其稳定状态；③利于制品成型时熔体的流动，以减少阻力。

6. 螺纹

塑料制品上的螺纹有的在模塑成型时直接成型。有的只成型螺纹攻丝前底孔，装配时用自攻螺钉直接旋入加以固定；也有的在成型后进行机械加工加以固定，对于受力较大或经常拆卸的制品则设计成螺纹金属嵌件。塑料制品的螺纹结构形式有下列6种，如图2-56所示。

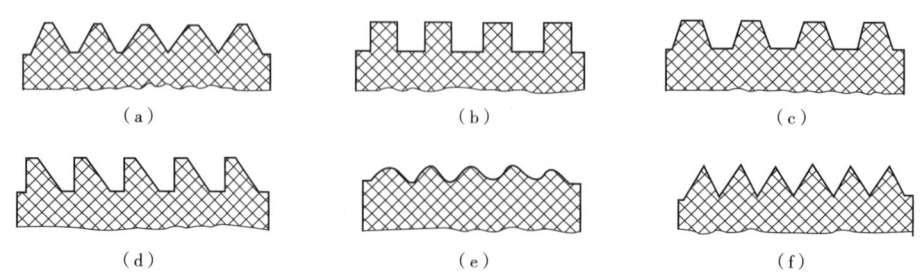

图2-56 塑料制品使用的螺纹结构形式
(a)60°标准螺纹；(b)方形螺纹；(c)梯形螺纹；(d)锯齿形螺纹；(e)圆弧形螺纹；(f)"V"形螺纹

（1）标准螺纹：广泛用于塑料制品的紧固和连接，具有易于装配、快速的特点。

（2）方形螺纹：用于连接强度要求较高的装配如管件连接螺纹。

（3）梯形螺纹：用于连接强度要求较高的装配如管件连接螺纹，如离心泵外壳成型的内螺纹等即属此种螺纹。

（4）锯齿形螺纹：兼备方形及V形螺纹牙型的特点，具有方形螺纹的效果和V形螺纹的强度。用于传递单向功率或单向受力的联结处，如牙膏管塑料盖上的螺纹等。

（5）圆弧形螺纹：常用于与玻璃瓶口相配的塑料盖上的螺纹。

（6）V形螺纹：因根部为锐角，容易产生应力集中，它很少用于塑料制品相配合；而只能在与金属管道相连接时的塑料管件上用。

7. 嵌件

镶入塑料制品中的零件称为嵌件。嵌件在塑料成型过程中被包入制品中，形成不可拆卸的连接件。嵌件的镶入是为了增加制品某些部位的强度、硬度和耐腐性，而有的则是为了保证其导电性能（需导电的部位）和绝缘性能（需绝缘的部位），还有的是为了提高精度或增加制品形状和尺寸的稳定性。

嵌件镶入部分的结构图如图2-57所示。常见的嵌件种类如图2-58所示。

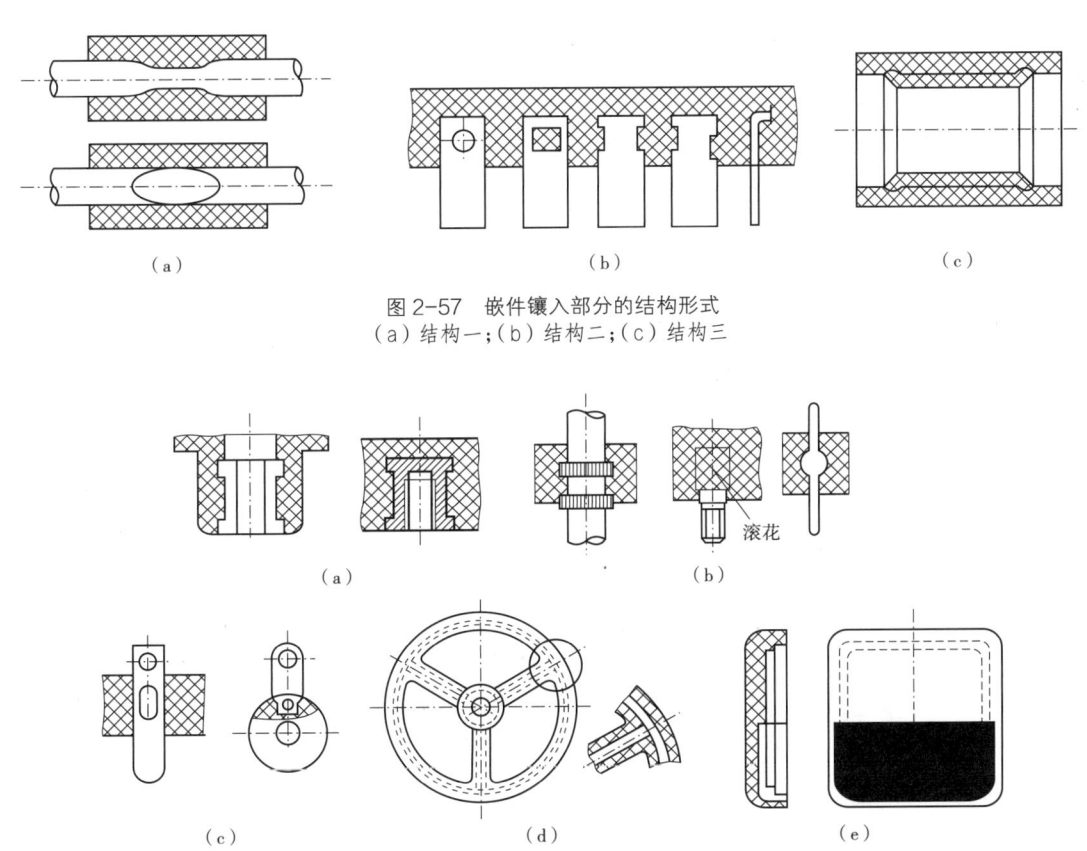

图2-57　嵌件镶入部分的结构形式
（a）结构一；（b）结构二；（c）结构三

图2-58　常见的嵌件种类
（a）种类一；（b）种类二；（c）种类三；（d）种类四；（e）种类五

8. 文字、标志或符号

塑料制品上的文字、标志或符号如图2-59所示。

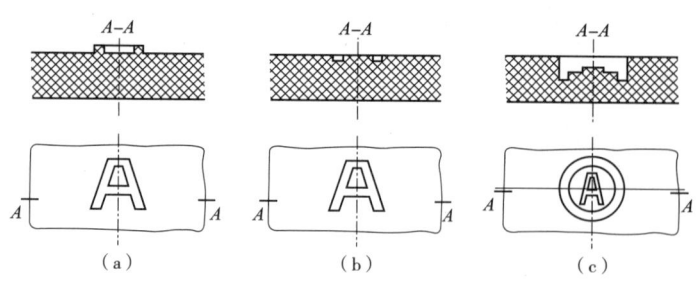

图 2-59 塑料制品上的文字符号结构形式
(a) 凸字；(b) 凹字；(c) 凹坑凸字

图 2-59（a）所示为凸字，模具上用刻字机（雕刻机）直接刻出（为反体凹字），易于加工，但制品的凸字容易损坏。图 2-59（b）所示为凹字，制品上的字凹入，不易损坏，且可以涂以色泽。但模具要加工成凸字则较困难，而且凸起处易损坏，安全性太差。图 2-59（c）所示为凹坑凸字即凸字在凹坑中，不易损坏。图 2-59（c）所示结构集图 2-59（a）、(b) 所示结构之优点于一身。

9. 其他要素

塑料制品的几何形状设计必须符合其成型工艺的要求，即利于成型和脱模，利于模具设计制造且制品质量易于保证。

图 2-60 所示为带有侧孔侧凹制品的设计示例。

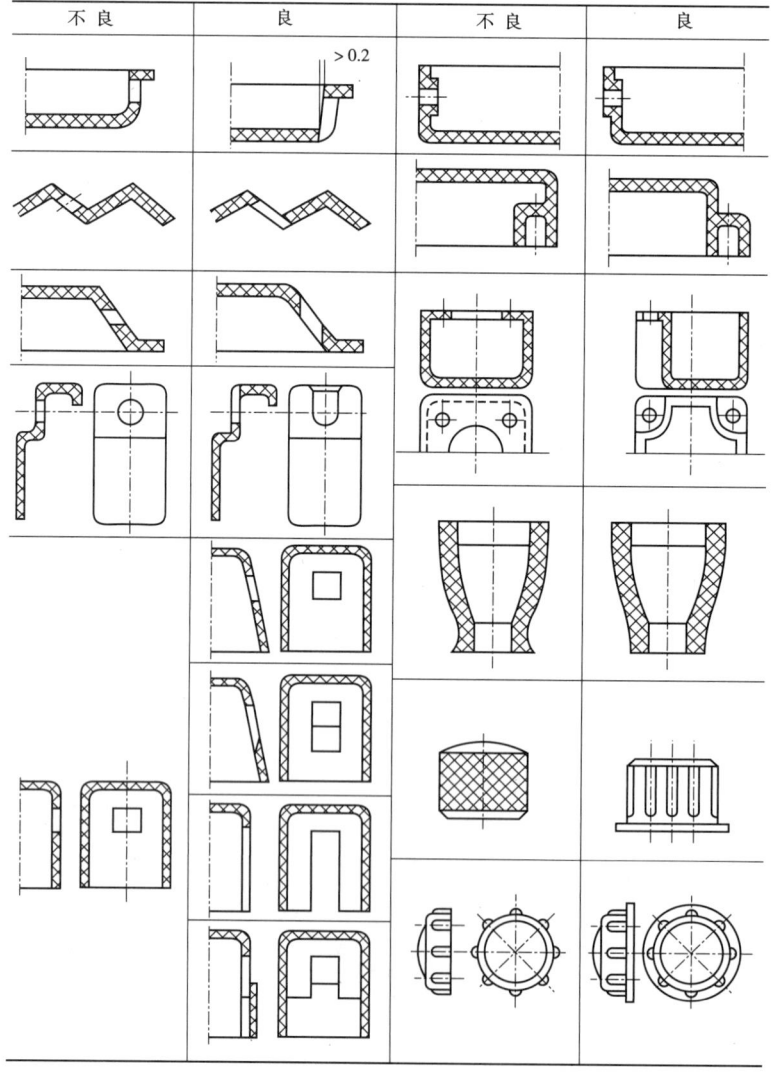

图 2-60 带有侧孔侧凹制品的结构

图2-61为塑料制品紧固用凸耳的设计结构。图2-62为塑料制品的凸台的位置设计。

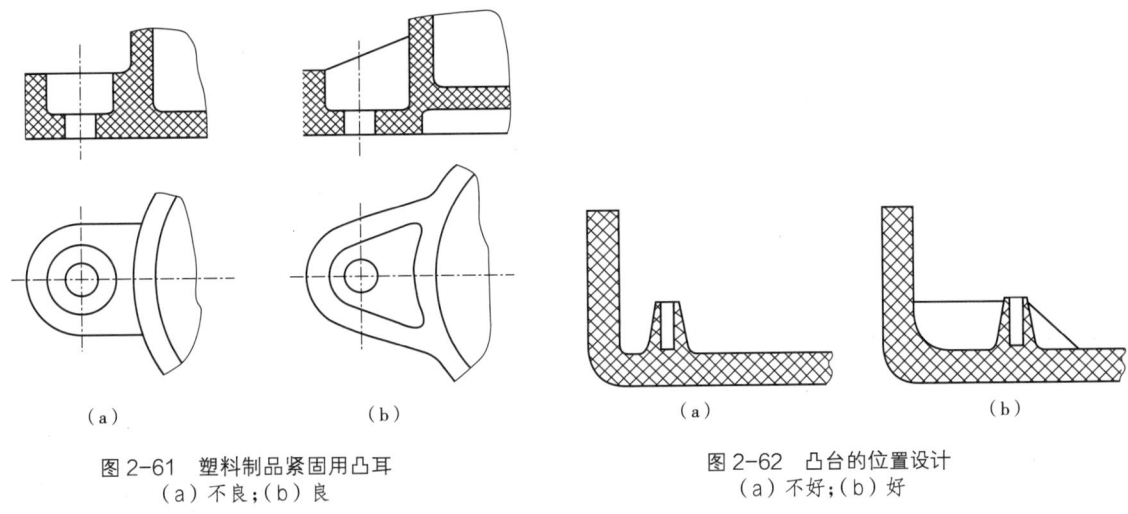

图2-61 塑料制品紧固用凸耳
(a) 不良；(b) 良

图2-62 凸台的位置设计
(a) 不好；(b) 好

图2-63为凸台的结构尺寸设计。图2-64为有加强筋时的凸台设计。图2-65为圆角上的凸台结构。

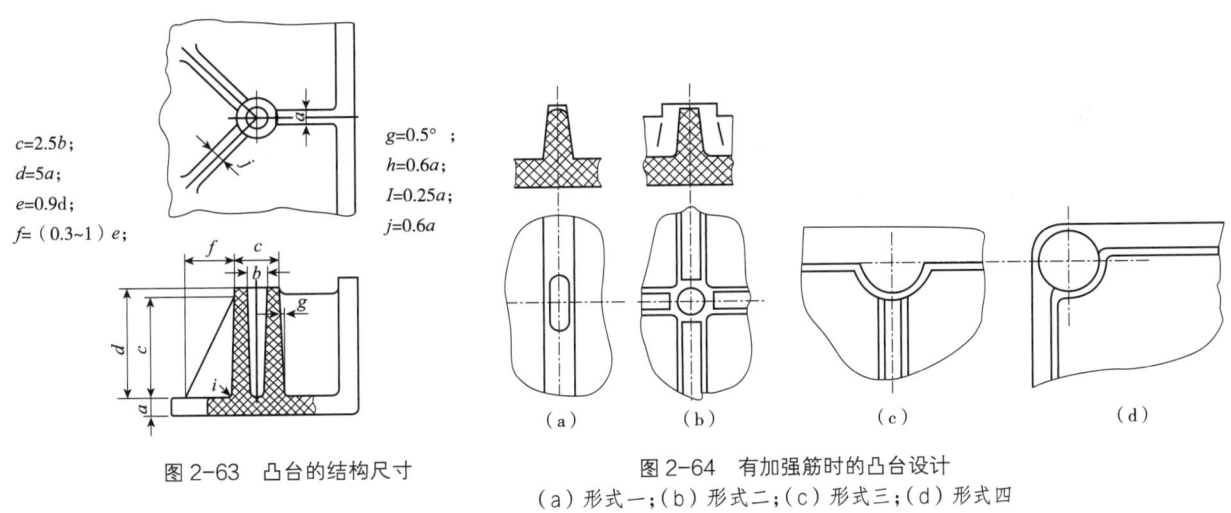

图2-63 凸台的结构尺寸

图2-64 有加强筋时的凸台设计
(a) 形式一；(b) 形式二；(c) 形式三；(d) 形式四

而图2-66 (a) 所示为不通孔凸台，内孔与外圆斜度方向相反；图2-66 (b) 所示为通孔凸台，内孔与外圆斜度方向相同。

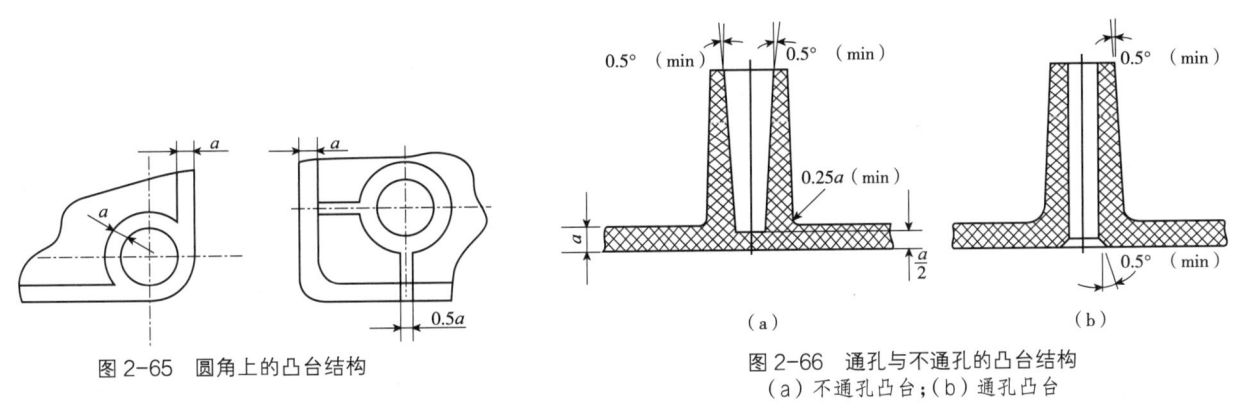

图2-65 圆角上的凸台结构

图2-66 通孔与不通孔的凸台结构
(a) 不通孔凸台；(b) 通孔凸台

2.8 常见塑料代号

2.8.1 常用塑料及树脂缩写及中英文名称

在日常生活中,塑料往往以英文缩写的形式出现,所以,熟悉常用的塑料英文代号显得尤为必要,表 2-12 是常用塑料及树脂的缩写及中英文名称。

表 2-12　　常用塑料及树脂的代号及中英文名称

缩 写	英 文 名	中 文 名
ABS	Acrylonitrile-Butadiene-Styrene	丙烯腈/丁二烯/苯乙烯共聚物
PC	Polycarbonate	聚碳酸酯
PVC	Poly（vinyl chloride）	聚氯乙烯
PMMA	Poly（methyl methacrylate）	聚甲基丙烯酸甲酯
PP	Polypropylene	聚丙烯
PS	Polystyrene	聚苯乙烯
UP	Unsaturated polyester	不饱和聚酯
EP	Epoxy, epoxide	环氧树脂
EVA	Ethylene/vinyl acetate	乙烯/醋酸乙烯共聚物
PE	Polyethylene	聚乙烯
PA	Polyamide（nylon）	聚酰胺（尼龙）
HDPE	High-density Polyethylene Plastics	高密度聚乙烯
AS	Acrylonitrile-styrene Resin	丙烯腈/苯乙烯共聚物
CPVC	Chlorinated Poly（vinyl chloride）	氯化聚氯乙烯
PI	Polyimide	聚酰亚胺
PMS	Poly（alpha-methyl Styrene）	聚 α-甲基苯乙烯
PAT	Polyarylate	聚芳酯
POM	Polyoxymethylene, polyacetal	聚甲醛
MC	Methyl Cellulose	甲基纤维素
RP	Reinforced Plastics	增强塑料
UF	Urea-formaldehyde Resin	脲甲醛树脂
PU（或 PUR）	Polyurethane	聚氨酯
PF	Phenol-formaldehyde Resin	酚醛树脂
RTP	Reinforced Thermo Plastics	增强热塑性塑料
TPE	Thermoplastic Elastomer	热塑性弹性体
PTFE	Polytetrafluoroethylene	聚四氟乙烯
EPM	Ethylene-propylene Polymer	乙烯/丙烯共聚物
TMC	Rhick Molding Compound	厚片模塑料
SMC	Sheet Molding Compound	片状模塑料

2.8.2 常见塑料制品代号

每个塑料容器都有一个"身份证",一般就在塑料容器的底部。三角形里边有 1~7 数字,每个编号代表一种塑料容器。塑料制品回收标识,由美国塑料行业相关机构制定。这套标识将塑料材质辨识码打在容器或包装上,从 1—7 号,买塑料制品时,消费者可以通过塑料瓶的瓶底三角回收标志进行辨认(见图 2-67)。以下是常用的塑料制品的代号。

图 2-67 常见塑料制品代号

(1) PETE(聚乙烯对苯二甲酸酯),这种材料之所的容器,就是常见的装汽水的塑料瓶子,也俗称"宝特瓶"。

常见矿泉水瓶、碳酸饮料瓶等。耐热至 70℃易变形,有对人体有害的物质融出。1 号塑料品用了 10 个月后,可能释放出致癌物 DEHP。不能放在汽车内晒太阳;不要装酒、油等物质。

(2) HDPE(高密度聚乙烯),清洁剂、洗发精、沐浴乳、食用油、农药等等的容器多以 HDPE 制造。容器多半不透明,手感似蜡。

常见白色药瓶、清洁用品、沐浴产品。不要再用来作为水杯,或者用来作为储物容器装其他物品。清洁不彻底,不要循环使用。

(3) PVC(聚氯乙烯),多用以制造水管、雨衣、书包、建材、塑料膜、塑料盒等器物。

常见雨衣、建材、塑料膜、塑料盒等。可塑性优良,价钱便宜,故使用很普遍,只能耐热 81℃ 高温时容易有不好的物质产生,很少被用于食品包装。难清洗易残留,不要循环使用。若装饮品不要购买。

(4) PE(聚乙烯),随处可见的塑料袋多以 LDPE 制造。

常见保鲜膜、塑料膜等。高温时有有害物质产生,有毒物随食物进入人体后,可能引起乳腺癌、新生儿先天缺陷等疾病。保鲜膜别进微波炉。

(5) PP(聚丙烯),多用以制造水桶、垃圾桶、箩筐、篮子和微波炉的食物容器等。

常见豆浆瓶、优酪乳瓶、果汁饮料瓶、微波炉餐盒。熔点高达 167℃,是唯一可以放进微波炉的塑料盒,可在小心清洁后重复使用。需要注意,有些微波炉餐盒,盒体以 5 号 PP 制造,但盒盖却以 1 号 PE 制造,由于 PE 不能抵受高温,故不能与盒体一并放进微波炉。

(6) PS(聚苯乙烯),由于吸水性低,多用以制造建材、玩具、文具、滚轮,还有速食店盛饮料的杯盒或一次性餐具。

常见碗装泡面盒、快餐盒。不能放进微波炉中,以免因温度过高而释放出化学物。装酸(如橙汁)、碱性物质后,会分解出致癌物质。避免用快餐盒打包滚烫的食物。别用微波炉煮碗装泡面。

(7) 其他类。常见水壶、太空杯、奶瓶。百货公司通常用这样材质的水杯当作赠品。很容易释放出有毒的物质双酚 A,对人体有害。使用时不要加热,不要在阳光下直晒。

2.9 塑料制品设计案例解析

2.9.1 LCP 躺椅

Kartell 是由 natta 诺贝尔获奖者、化学工程师 ciulio castelli 于 1949 年所创立。所有炫彩、大胆、简约、时尚的家居产品便是对公司经营理念与 55 年历史最为完美的阐述。Kartell 的产品已经超越了语言与时空，成为了表达时代的艺术品。

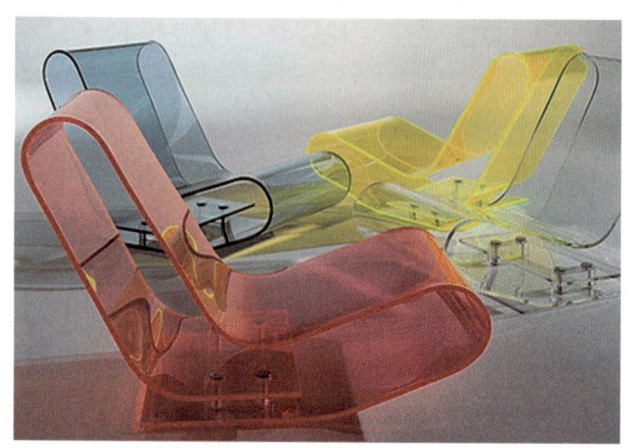

图 2-68 LCP 躺椅
（设计者：Maarten Van Severen）

图 2-68 所示的休闲椅，由透明 PMMA 塑料弯曲成型，它富有弹性、柔软和耐用，通过光的折射和反射，显得玲珑剔透，轻盈飘逸。有 4 种颜色可以选择，适合不同的家居环境。

2.9.2 Molvox 系列玩偶

Pete Fowler，是英国最早开始创作玩具的设计师之一。出生于英国加的夫（威尔斯主要海港）的 Pete Fowler 在玩具设计师界久负盛名。他独特怪异而又富潮流风格的怪兽角色和插画技术让他超越国界，不仅在英国，日本、美国以及世界的其他地区，他的 Monsterism 系列角色玩具从推出第一系列开始热卖至今，也奠定了他在设计师玩具界第一线创作者的地位。

"Molvox" 是 Pete Fowler 笔下的 Monsterism island 世界沙漠灌木林区的游猎居民。他们最大的特征就是角状的头饰和丰富的色彩、极具民族风的披肩。该系列产品大量地使用了植绒的材质表现，Molvox 族人兽皮衣帽的质感，使 Pete Fowler 设计的这一家四口传神地被表现出来（见图 2-69）。

图 2-69 Molvox 系列玩偶
（设计者：Pete Fowler）

2.9.3 玛吉斯小狗儿童凳

Magis 品牌创立于 1976 年,旗下商品造型活泼、展现生活趣味是其品牌特色。其创办人 Eugenio Perazza 甚至在领导设计潮流的杂志 Wallpaper 中被列为"十位能改变我们的生活方式的人"之首。Magis 向来以超越及带领主流市场为宗旨,2004 年 Magis 发展了一系列专为 2~6 岁儿童设计的家具——Me Too,在米兰及科隆的国际家具展中大放异彩,成为首次登上国际设计舞台的儿童家具用品。

图 2-70 玛吉斯小狗儿童凳
(设计者:Eero Aarnio)

该系列中的这款小狗凳专为儿童设计,采用塑胶材料,柔软而富有弹性,产品有各种尺寸,适合不同年龄段的儿童。推出后深受儿童的喜爱(见图 2-70)。

2.9.4 MAGIC 小兔子牙签筒

Alessi 是一个家族姓氏,品牌也因此命名。1921 年创办人 Giovanni Alessi 在意大利北方的 Omegna 成立,自此成为艺术与品位的代名词。作为意大利著名的设计工厂,一向注重原创性和生活品位。Alessi 最特别的地方,是它发展方向顺着当今工业生产的需求,同时顾及到产品设计应赋予人的精神力量。

从高礼帽中变出来的可不只有小白兔,还有让人口齿清新的牙签,如果使用者较多,牙签供不应求,把帽子反扣到兔子头上,就是最甜美也最慎重地答礼。除了当牙签筒,它还可作为文具和装饰品使用,放置回形针等小对象,是极为贴心的设计,平时放在餐桌上,方便使用,点缀生活。产品采用高品质 PAMM 塑料制作(见图 2-71)。

图 2-71 MAGIC 小兔子牙签筒
(设计者:Stefano Giovannoni)

2.9.5 Canasta 凯纳斯特椅

设计师吸取维也纳水草编织法为灵感，再以更轻盈且更耐久的聚乙烯材料进行现代版本的诠释。怎么看，这系列的产品无不让人感到沁心的室外凉意，不管是在泳池边或庭院里皆能自在地享受。想象夏日炎炎时蜗在里头，一杯鸡尾酒再戴上一副墨镜。仿佛置身在加勒比海式的人间天堂里（见图 2-72）。

图 2-72　Canasta 凯纳斯特椅
（设计者：Patricia Urquiola）

2.9.6 Embryo 椅

马克·纽森（Marc Newson），当代最具影响力的产品设计师之一。被美国《时代周刊》称为"为世界制造曲线的人"。你可以从诸多大品牌的产品里发现他的名字：Nike 概念鞋、福特概念车、美标洁具……他所倡导的"柔和极简主义"，将温暖与自然的元素引入他的设计中，减淡高科技工业所带来的冰冷感、坚硬感。

Embryo 椅有机形态让人联想到胚胎的形状，故其名。在镀铬钢结构上以摸索聚氨酯泡棉填充覆盖，再以双弹性布料完工。设计师称椅子的概念一开始都只能在他脑中构思，从形状到使用的材料类型。他说他无法想象坐在一张桌子下，画起草稿，并试图追逐一个想法。或许因此而造就了其曲线的流畅性（见图 2-73）。

图 2-73　Embryo 椅
（设计者：Marc Newson）

2.9.7 Paradise Tree & Dodo

人称"玻璃鸟"大师的芬兰设计师 Oliva Toikka，年轻时学习瓷器工艺 6 年之久，芬兰有名的 Littala Birds 玻璃鸟系列就是他的杰作。此次设计出的衣帽架和摇椅都可爱极致。前者用一节节颜色各异的"树枝"拼接起来，每个"树枝"都有各自的造型，张牙舞爪的样子非常有趣；后者则是以绝种的嘟嘟鸟成型，栩栩如生，将能成为孩子们的最佳玩伴（见图 2-74 和图 2-75）。

图 2-74　Paradise Tree
（设计者：Oliva Toikka）

图 2-75　Dodo
（设计者：Oliva Toikka）

2.9.8　Bunky

仅 4 个模块就可以组合出一个上下床，省去了各种螺丝、连接件等繁琐的安装步骤。由于是聚乙烯整体铸模，所以十分坚固，没有任何棱角，可以为孩子们提供一个舒适、安全的玩耍和睡觉的空间（见图 2-76）。

2.9.9　Trioli

这一款多功能的椅子兼玩具，同一时间内拥有 3 种基本的用途，根据其高度区分开来：高、矮或是倒着成为"摇摇马"。椅子上的手把除了作为安全性的元素，搬运时也轻便简易。奇特又可爱的造型让其获得 2008 年金圆规大奖，首次为 Me Too 品牌带来了意大利设计业的最高荣誉（见图 2-77）。

图 2-76　Bunky
（设计者：Marc Newson）

图 2-77　Trioli
（设计者：Eero Aarnio）

2.9.10 保兰及其作品

皮埃尔·保兰（Pierre Paulin, 1927～2009）为 Mobilier Nationale 公司设计了一系列具有开拓创新的座椅设计，发展了泡沫塑料、聚酯纤维、模数技术在家具设计上的应用。1968 年他应邀为著名的罗浮宫博物馆设计了参观者座椅，随后他的著名代表作品"飘带椅"（Ribbon Chair, 1965 年）又获得 1968 年 AID 设计大奖（工业设计协会奖）。他于 1967 年设计的"舌椅"（Tongue Chair se）更是成为 20 世纪 60 年代非常流行的波普艺术（POP）和反射新一代生活风格的代表作品。保兰的一系列具有强烈的抽象雕塑形态，以玻璃纤维为壳体，以金属钢管为骨架，以泡沫塑料和弹力织物为软垫的座椅，具有特别的视觉美感和舒适感，达到了美学与功能的高度统一，在欧洲市场十分畅销（见图 2-78）。

图 2-78　保兰和他的作品

作业与思考题

1. 塑料由哪些物质组成？
2. 塑料的一般特性有哪些？
3. 塑料常用的成型工艺有哪些？分别简述其成型方法。
4. 塑料的面饰工艺有哪些？分别阐述其特点。
5. 塑料制品设计的基本原则是什么？
6. 塑料制品结构设计要素有哪些？分别阐述设计中应该注意的问题。

第3章 金属与加工工艺

人类文明的发展和社会的进步同金属材料关系十分密切。继石器时代之后出现的铜器时代、铁器时代，均以金属材料的应用为其时代的显著标志。现代，种类繁多的金属材料已成为人类社会发展的重要物质基础（见图3-1和图3-2）。

图3-1 摩托车

图3-2 启瓶器

金属材料是指金属元素或以金属元素为主构成的具有金属特性的材料的统称。包括纯金属、合金、金属材料金属间化合物和特种金属材料等。

3.1 金属概述

金属材料是制造工程构件、设备、机器和零件的主要材料。由于各种构件和零件使用时的性能要求不同，实际生产中，需要多种金属组合使用来满足不同零件的使用要求。

按照金属材料不同的特点，金属材料通常分为黑色金属、有色金属和特种金属材料。

（1）黑色金属又称钢铁材料，包括含铁90%以上的工业纯铁，含碳2.11%～4%的铸铁，含碳小于2.11%的碳钢，以及各种用途的结构钢、不锈钢、耐热钢等。广义的黑色金属还包括铬、锰及其合金。

（2）有色金属是指除铁、铬、锰以外的所有金属及其合金，通常分为轻金属、重金属、贵金属、半金属、稀有金属和稀土金属等。有色合金的强度和硬度一般比纯金属高，并且电阻大、电阻温度系数小。

（3）特种金属材料包括不同用途的结构金属材料和功能金属材料。其中有通过快速冷凝工艺获得的非晶态金属材料，以及准晶、微晶、纳米晶金属材料等；还有隐身、抗氢、超导、形状记忆、耐磨、减振阻尼等特殊功能合金以及金属基复合材料等。

对于制作工程构件或零件的金属材料，其性能是设计时选材的重要依据，表3-1为金属材料的主要性能、主要指标。

表 3-1　　　　　　　　　　　　　　金属材料的性能指标

性能种类	具 体 指 标
力学性能	强度、硬度、塑性、韧性等
物理性能	熔点、密度、导电性、导热性等
化学性能	耐腐蚀性、抗氧化性等
工艺性能	铸造性能、焊接性能、锻压性能、切削加工性、淬透性等

3.2　碳钢

碳钢也称碳素钢，它是含碳量小于2.11%的铁碳合金，碳钢除含碳外一般还含有少量的硅、锰、硫、磷等元素。

按用途可以把碳钢分为碳素结构钢、碳素工具钢和合金钢3类。

3.2.1　碳素结构钢

碳素结构钢属于碳素钢的一种。含碳量约0.05%～0.70%，个别可高达0.90%。碳素结构钢生产工艺简单，有良好工艺性能（如焊接性能、压力加工性能等）、必要的韧性、良好的塑性以及价廉和易于大量供应，通常在热轧后使用。在桥梁、建筑、船舶上获得了极广泛的应用。某些不太重要、要求韧性不高的机械零件也广泛选用（见图3-3和图3-4）。

图 3-3　钢梁

图 3-4　鸟巢

碳素结构钢的牌号由代表屈服点的字母、屈服点数值、质量等级符号、脱氧方法符号等四个部分按顺序组成。例如：Q235-A·F。碳素结构钢主要保证力学性能，故其牌号体现其力学性能，用Q+数字表示，其中"Q"为屈服点"屈"字的汉语拼音字首，数字表示屈服点数值，例如Q275表示屈服点为275MPa。若牌号后面标注字母A、B、C、D，则表示钢材质量等级不同，含S、P的量依次降低，钢材质量依次提高。若在牌号后面标注字母"F"则为沸腾钢，标注"b"为半镇静钢，不标注"F"或"b"者为镇静钢。例如Q235-A·F表示屈服点为235MPa的A级沸腾钢，Q235-C表示屈服点为235MPa的C级镇静钢。碳素结构钢一般情况下都不经热处理，而在供应状态下直接使用。通常Q195、Q215、Q235钢碳的质量分数低，焊接性能好，塑性、韧性好，有一定强度，常轧制成薄板、钢筋、焊接钢管等，用于桥梁、建筑等结构和制造普通螺钉、螺母等零件。Q255和Q275钢碳的质量分数稍高，强度较高，塑性、韧性较好，可进行焊接，通常轧制成型钢、条钢和钢板作结构件以及制造简单机械的连杆、齿轮、联轴节等零件。

3.2.2 碳素工具钢

碳素工具钢含碳量在0.65%～1.35%之间，经热处理后可得到高硬度和高耐磨性，主要用于制造各种工具、刃具、模具和量具等。

碳素工具钢分为碳素刃具钢、碳素模具钢和碳素量具钢。碳素刃具钢指用于制作切削工具的碳素工具钢，碳素模具钢指用于制作冷、热加工模具的碳素工具钢，碳素量具钢指用于制作测量工具的碳素工具钢（见图3-5和图3-6）。

图3-5 螺旋测微器

图3-6 金属模具

碳素工具钢一般以退火状态交货，根据需方要求也可以不退火状态交货。退火钢材的硬度、断口组织、网状碳化物、珠光体组织、试样淬火硬度、淬透性深度和钢材表面脱碳层深度应符合中国国家标准GB1298—77规定。此类钢中存在网状碳化物和层片状珠光体时，容易产生淬火变形、开裂和硬度不均匀，并降低刃具耐磨性，容易引起刃具崩刃，降低刃具寿命。为了防止网状碳化物的产生，钢材要反复锻造，锻后要快速冷却。通过球化退火可使层片状珠光体中的渗碳体球化。此类钢淬火加热一般用盐浴炉，它可防止或减轻工具表层脱碳。在淬火冷却时要注意防止变形和开裂，为此一般采用分级淬火或等温淬火，有的采用高频淬火。淬火后应及时回火，以防停放时发生变形或开裂。

碳素工具钢生产成本较低，原材料来源方便；易于冷、热加工，在热处理后可获得相当高的硬度；在工作受热不高的情况下，耐磨性也较好，因而得到广泛应用。

此类钢的碳含量范围为 0.65% ~ 1.35%。在中国国家标准 GB1298—77 中共有 8 个牌号碳素工具钢。其中碳含量较低的 T7 钢具有良好的韧性，但耐磨性不高，适于制作切削软材料的刃具和承受冲击负荷的工具，如木工工具、镰刀、凿子、锤子等。T8 钢具有较好的韧性和较高的硬度，适于制作冲头、剪刀，也可制作木工工具。锰含量较高的 T8Mn 钢淬透性较好，适于制作断口较大的木工工具、煤矿用凿、石工凿和要求变形小的手锯条、横纹锉刀。

3.2.3 合金钢

合金钢，合金钢也叫特种钢。在碳素钢里适量地加入一种或几种合金元素，使钢的组织结构发生变化，从而使钢具有各种不同的特殊性能，如强度、硬度大，可塑性、韧性好，耐磨，耐腐蚀，以及其他许多优良性能。下面是一些特种钢的性能和用途。

（1）钨钢、锰钢：硬度很大，制造金属加工工具、拖拉机履带和车轴等。

（2）锰硅钢：韧性特别强，制造弹簧片、弹簧圈等。

（3）钼钢：抗高温制造飞机的曲轴、特别硬的工具等。

（4）钨铬钢：硬度大，韧性很强做机床刀具和模具等。

（5）镍铬钢（不锈钢）：抗腐蚀性能强，不易氧化制造化工生产上的耐酸塔、医疗器械和日常用品等。

3.3 钢的热处理

热处理是将固态金属或合金采用适当的方式进行加热、保温和冷却以获得所需要的组织结构与性能的工艺。热处理的工艺过程可用温度—时间为坐标的工艺曲线表示（见图 3-7）。

热处理在机械制造中有着十分重要的作用。它不仅可以改善材料的工艺性能、消除或降低在其他加工过程中所产生的内应力和组织上的某些缺陷，更重要的是可发挥金属材料的潜力，进一步提高力学性能，延长零件的使用寿命，节省金属材料，提高产品的质量。

钢的热处理方法主要有退火和正火、淬火和回火、钢的表面热处理等多种。

3.3.1 退火和正火

退火和正火一般是对毛坯进行热处理，以改善和消除在毛坯制造过程中所产生的某些缺陷，为后续的加工和热处理作好性能和组织的准备，因此退火和正火通常称为预先热处理。但当工件性能要求不高时，退火和正火也可作为最终热处理。

1. 退火

将钢件加热到适当温度，保持一段时间，然后缓慢冷却（通

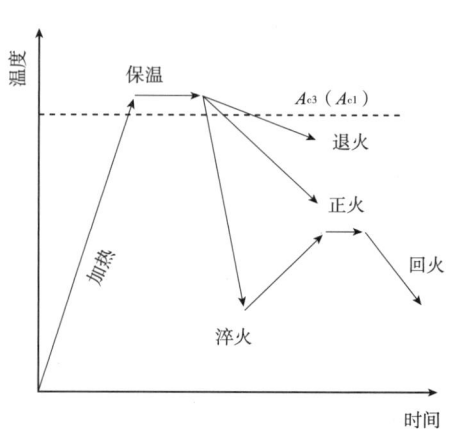

图 3-7 钢的热处理

常随炉冷却，冷却速度约为 100℃/h）的热处理工艺称为退火。

退火的目的是降低或调整硬度以便于切削加工；改善或消除钢件的组织缺陷；消除或降低内应力；改善钢的力学性能等。生产上常用的退火种类有：完全退火、球化退火和去应力退火等。

完全退火是把钢加热到完全奥氏体化，保温后随之缓慢冷却的退火工艺。完全退火常用于含碳量小于 0.8% 的碳素钢。如 45 号钢完全退火时的加热温度为 840 ~ 860℃。对于含碳量大于 0.8% 的碳素工具钢、合金工具钢、轴承钢等常采用球化退火，能使钢中碳化物球状（或颗粒状）化，碳素工具钢球化退火的加热温度为 760 ~ 780℃。去应力退火时不改变钢的内部组织，只是为了消除或降低内应力，其加热温度较低（一般为 500 ~ 600℃）。

2. 正火

正火是将钢件加热到奥氏体状态，保温适当的时间后，在静止的空气中冷却的热处理工艺。正火的冷却速度比退火冷却速度较快，所以能获得较细的组织和较高的力学性能，而且生产周期较退火短。低碳钢可通过正火处理提高强度和硬度，以改善切削加工性能；中碳钢进行正火处理可直接用于性能要求不高零件的最终热处理或代替完全退火；对于含碳量大于 0.8% 的钢，可用正火来消除二次网状渗碳体。

3.3.2 淬火和回火

机械零件使用状态下的性能，一般由淬火和回火获得，所以淬火和回火称为最终热处理。

重要的机械零件通常都要经过淬火和回火热处理，以提高零件的性能，充分发挥钢的潜力，使零件既可承受较大负荷，又可使其尺寸较小，且提高了零件的使用寿命。故淬火和回火热处理是零件制造过程中十分重要的环节。

1. 淬火

淬火是将钢加热到临界点以上某一温度，保持一定时间，然后以大于临界冷却速度的速度冷却获得马氏体组织的热处理办法。马氏体是指碳在 a-Fe 中的过饱和固溶体（在室温下 a-Fe 中正常的含碳量仅为 0.006%，马氏体的含碳量远远高于此值，与加热时奥氏体中的含碳量基本相同），其硬度决定于碳的过饱和程度（比淬火前钢的硬度高得多），即随钢的含碳量增大，马氏体的硬度增高，如 45 号钢经淬火后硬度可达 50 ~ 55HRC（注：HRC 是采用 150kg 载荷和 120° 金刚石锥压入器求得的硬度，用于硬度极高的材料），碳素工具钢淬火后硬度大于 60HRC。

临界点是指钢在加热或冷却过程中发生组织变化的温度。淬火时钢的加热温度要略高于临界点的温度，以使铁素体和珠光体（铁素体与渗碳体的机械混合物）转变为奥氏体。

临界冷却速度是指淬火冷却过程中奥氏体向马氏体转变时的最小冷却速度。所以淬火冷却时的冷却速度要大于临界冷却速度，但也不能太快，否则会引起零件的变形或开裂。钢加热后的冷却都在冷却介质中进行，碳素钢常用的冷却介质为水溶液，而合金钢常用油作冷却介质。水溶液的冷却能力大于油，所以一般碳钢用油冷却淬不硬，合金钢用水溶液淬火易淬裂。

2. 回火

淬火后的钢件，虽然有较高的强度和硬度，但脆性增加，并有较大的内应力，故一般淬火后的零件不能直接使用，必须进行回火，以消除或降低内应力，提高韧性，调整力学性能，以满足零件的使用要求。

将淬硬后的钢件，再加热到一定温度（碳钢为150～650℃），保温一定时间（一般1～1.5h），然后取出空冷到室温的热处理工艺称为回火。根据零件性能要求不同，回火可分为以下几种。

（1）低温回火。

淬火钢件在250℃以下的回火称为低温回火。经低温回火后，可降低零件的内应力和脆性，提高韧性，仍可保持淬火零件的硬度和耐磨性。碳素工具钢、低合金工具钢、冷作模具钢等淬火后一般要进行低温回火。因此对要求高硬度、高耐磨性的零件（如各种刃具、量具、滚动轴承、冷作模具等）常采用低温回火。

（2）中温回火。

淬火钢件在350～500℃之间的回火称为中温回火。经中温回火后可使淬硬件的内应力大部分消除，具有高的弹性，又有一定的塑性和韧性，但其硬度有所下降(约为35～50HRC)。中温回火常用于弹簧、热锻模和其他弹性元件等零件。

（3）高温回火。

淬火钢件在500℃至临界点之间的回火称为高温回火。经高温回火后，淬硬件中的内应力可完全消除，使零件获得强度、硬度、塑性和韧性都较好的综合力学性能。高温回火后的硬度约为25～32HRC。所以高温回火适用于要求综合力学性能高的重要结构零件，如轴、曲轴、连杆、螺钉、齿轮等。通常把淬火加高温回火的热处理称为调质处理。

3.3.3 钢的表面热处理

仅对工件表层进行热处理以改变其组织和性能的工艺称为表面热处理。有些零件在使用时对表面和心部的性能要求不同，如有些齿轮要求表面高硬度、高耐磨性，而心部要求高的综合力学性能。对于这种表里性能要求不同的零件，常采用表面热处理来强化钢件的表面性能。常用的表面热处理方法有表面淬火和表面化学热处理等。

1. 表面淬火

表面淬火是仅对工件表面进行的淬火工艺，即采用快速加热，使钢件表面迅速达到淬火时要求的加热温度，在热量传递还未使心部钢材达到临界点温度时就快速冷却的淬火工艺。表面淬火后使零件表面获得高的硬度，而心部仍保持原来的性能（见图3-8）。

表面淬火主要适用于中碳钢和中碳合金钢，如45Cr钢、40Cr钢等。通常零件表面淬火前先进行正火或调质热处理，表面淬火后还需进行低温回火。如45号钢经表面淬火和低温回火后，工件表面硬度可达50～55HRC，具有较好的耐磨性，心部具有良好的塑性和韧性。

常用的表面淬火方法有感应加热表面淬火和火焰加热表面淬火等，其中以感应加热表面淬火应用较广。

2. 化学热处理

化学热处理是将钢件置于一定温度的活性介质中加热与保温，使一种或几种元素渗入它的表面层，以改变其化学成

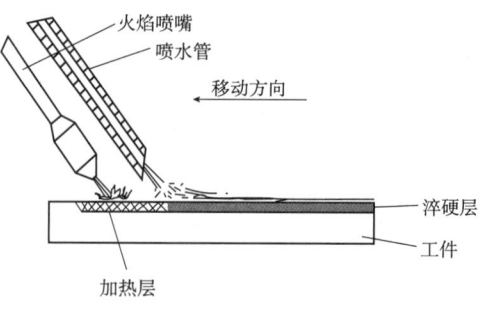

图3-8 钢的表面淬火示意图

分、组织和性能的热处理工艺。根据渗入元素的不同，化学热处理的方法很多，如渗碳、渗氮（氮化）、渗硫、渗硼、碳氮共渗、渗金属等。

（1）渗碳。

为了增加钢件表层的含碳量和一定的碳浓度梯度，将钢件在渗碳介质中加热并保温，使碳原子渗入表面层的化学热处理工艺称为渗碳。主要目的是提高钢件表层的硬度、耐磨性，而保持芯层的塑性与韧性。

（2）氮化。

在一定温度下（一般在钢的临界点温度以下）使活性氮原子渗入钢件表面的化学热处理工艺称为氮化。

氮化后在工件表面形成硬度很高的氮化薄层。氮化的目的是提高零件表面的硬度、耐磨性、耐腐蚀性及疲劳强度。氮化时的加热温度低，故工件的变形较小。氮化常用于受冲击力不大的耐磨件：如精密丝杆、排气阀、高速精密齿轮等。

3.4 其他常用合金材料

3.4.1 铝和铝合金

1. 纯铝

纯铝的密度小（近似于铁的1/3）、熔点低（660℃）、良好的导电性和导热性及资源丰富，且在大气中具有较好的耐腐蚀性。纯铝主要用于电器工业、航天部门、汽车及热传导机械中（见图3-9）。

纯铝可分为工业纯铝和高纯铝两类。工业纯铝的牌号有L1、L2、L3、L4和L5等。"L"表示工业纯铝，后面的数字表示纯度，数字愈大纯度愈低。铝含量大于99.93%的铝称为高纯铝。高纯铝的牌号为LG1……LG5，"LG"表示高纯铝，后面的数字表示杂质含量，数字愈大表示杂质含量愈多。

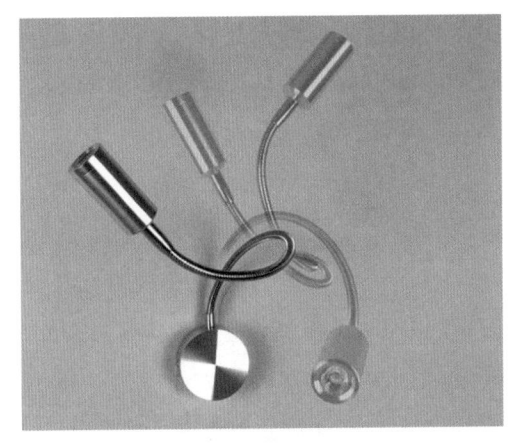

图3-9 纯铝材质壁灯

2. 铝合金

纯铝的强度低，一般不用于制作结构零件，常在铝中加入铜、镁、锰、硅等合金元素形成铝合金，从而提高了力学性能等。有些铝合金还可通过热处理进一步提高力学性能。根据铝合金的成分和工艺特点可分为形变铝合金和铸造铝合金两类。

（1）形变铝合金：形变铝合金的塑性好，可通过各种冷、热塑性变形加工成各种型材或零件。形变铝合金有防锈铝合金、硬铝、超硬铝和锻铝等多种。

（2）铸造铝合金：铸造铝合金的铸造性能较好，常用铸造方法生产毛坯或零件。铸造铝合金有Al-Si、Al—Cu、Al-Mg、Al-Zn系等4种系列。

铸造铝合金的牌号为：字头用"ZA1"表示铸造铝合金；后面为合金元素符号；紧跟其后的数字

为该合金元素平均含量的百分数。例如 ZA1Si9Mg。铸造铝合金也常用代号来表示：ZL 和后面的三位数字。"ZL"表示铸造铝合金，后面的第一个数字表示合金的系列（"1"表示 Al-Si 系、"2"表示 Al-Cu 系、"3"表示 A1-Mg 系、"4"表示 A1-Zn 系），尾部的两位数为顺序号。例如 ZL104（即 ZA1Si9Mg）（见图 3-10 和图 3-11）。

图 3-10　铝合金的梯子　　　　　　　　　图 3-11　铝镁合金自行车

3.4.2　纯铜及铜合金

1. 纯铜

纯铜又称紫铜，外观呈紫红色。纯铜具有优良的导电性、导热性及抗大气腐蚀的性能，大量应用于制造电器工业的零件等（见图 3-12）。常用的工业纯铜有：Tl、T2、T3 等，T 后的数字愈大，铜中含有杂质的数量就多，亦即纯铜的纯度就低。

2. 铜合金

由于纯铜的塑性好、强度低，很少用于制造结构零件，常加入 Zn、Al、Sn、Pb、Ni 等元素来配制成铜合金，以提高力学性能。铜合金可分为黄铜、青铜和白铜等几种。

（1）黄铜：铜与锌（或再加入其他元素）形成的铜合金称为黄铜。黄铜的色泽悦目，具有良好的工艺性能及耐腐蚀性。其力学性能取决于含锌量：当含锌量小于 32% 时，强度与塑性都随着含锌量的增加而提高；含锌量大于 32%，随含锌量的增加，强度继续提高，而塑性降低；当含锌量大于 45% 后，强度与塑性都急剧下降。黄铜及黄铜阀门如图 3-13 所示。

图 3-12　纯铜香炉　　　　　　　　　　图 3-13　黄铜及黄铜阀门

简单的铜锌合金称为普通黄铜。普通黄铜的牌号为两位数字后加"黄铜"两字组成,其代号为"H"字后加两位数字组成,两位数字表示黄铜中含铜量的百分数。例如62黄铜,其代号写为H62,表示含铜量为62%的铜锌合金(即黄铜)。为了改善普通黄铜的性能,在铜锌合金中再加入铝、铅、锰、锡等元素,这类黄铜称为特殊黄铜。特殊黄铜具有更好的力学性能、耐蚀性和耐磨性等。特殊黄铜的牌号和代号与简单黄铜相似,但标出主要添加元素的符号和百分数。如59-1铅黄铜,代号为HPb59-1,表示含铜量为59%、含铅量为1%及40%含锌量的铅黄铜。

(2)青铜:青铜是铜与除了锌和镍(铜与镍的合金称为白铜)以外所有元素形成的铜合金的总称。根据主要添加元素不同,青铜有锡青铜、铝青铜、硅青铜、锰青铜和铍青铜等多种,其中以锡青铜为最古老且应用较广(见图3-14)。

图3-14 青铜器

锡青铜的力学性能主要决定于含锡量的多少。当含锡量小于5%～6%时锡青铜具有较好的塑性;含锡量大于5%～6%时塑性急剧下降,但强度增加;当含锡量大于25%后强度迅速下降。含锡量小于10%的锡青铜,常采用压力加工方式成形,称为加工锡青铜,其牌号(或代号)的表示方法:如4-3锡青铜(代号为QSn4-3),表示含锡量为4%、含锌量为3%的锡青铜(其中"Q"即表示青铜);含锡量大于10%的锡青铜常用铸造方式形成零件或毛坯,故称为铸造锡青铜,其牌号表示方法:如ZCuSn10Pb1,表示含锡量为10%、含铅量为1%的铸造锡青铜。

3.4.3 钛及钛合金

钛虽早已被发现,但由于钛的熔点高、化学性质十分活泼、熔炼较困难,而且制造工艺复杂,价格高,使其在工业上的应用受到限制。随着科学技术和工业的发展(特别航天和宇航技术),20世纪50年代起开始应用,而且发展很迅速。这是由于钛及钛合金有许多突出的优点:重量轻、强度高(特别是比强度高)、耐蚀性好、耐高温和低温韧性好等。在飞机、宇航、导弹上钛合金成为不可缺少的材料,而且在造船、化工、冶金、医疗等方面也获得了广泛应用。

1. 工业纯钛

钛在室温下具有密排六方晶格,称为 $\alpha\text{-Ti}$,在882.5℃时转变为体心立方晶格,称为 $\beta\text{-Ti}$。钛的熔点为1680℃。

纯钛的强度低、塑性好，随着钛中杂质含量增多，强度提高而塑性下降。工业纯钛有三个牌号：TA1、TA2、TA3，号数大，杂质含量多。工业纯钛常用于制造350℃以下工作的飞机构件（如蒙皮、隔热板等）。纯钛制作的对戒和镜架如图3-15所示。

2. 钛合金

为了提高钛的性能和获得不同类型的钛合金，在纯钛中加入铝、锡、锆、钒、钼及锰、铁、铬、铜、硅等合金元素。其中铝、锡、锆为稳定α-Ti的元素，其余为稳定β-Ti的元素。根据退火状态下的组织不同，钛合金分为α型钛合金，β型钛合金和α+β型钛合金。钛合金相机如图3-16所示。

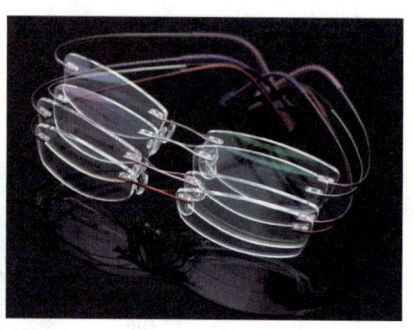

图3-15 纯钛对戒及纯钛镜架　　　　　　　　　图3-16 钛合金相机

3.5 金属的成型工艺

3.5.1 金属铸造成型

将金属材料加热到液态，浇注到与零件形状、大小相适应的铸型内，待其冷却凝固后得到所需零件或毛坯的方法称为铸造。铸造所获得的零件或毛坯称作铸件。一般铸件毛坯需要经过切削加工以提高精度和改善表面粗糙度，也可用先进的铸造工艺，生产出较高精度和低表面粗糙度的零件。

铸造方法可以制成形状复杂，特别是具有复杂内腔的毛坯，如箱体、内燃机气缸体、气缸盖、机床床身等。铸造的适应性很强。工业上常用的金属材料如碳钢、合金钢、铸铁、铜、铝及其合金等均可用于铸造。铸件的大小可以轻仅几克，重达几百吨；壁厚也可做到小于1mm。铸造的成本较低。所需的设备投资较少，原材料价格低，来源广，废料（如报废零件、切屑）可回炉使用。

因此，铸造方法在机械制造中获得广泛应用，在一些机器中铸件可占机器总重的80%。

但铸造也有其不足的方面。由于工艺过程繁杂，铸件由熔融态冷凝而成，其过程难以精确控制，故铸件的化学成分和组织不十分均匀，晶粒也较粗大，组织疏松，常有气孔、夹渣、砂眼等缺陷存在。所以其机械性能不如锻件高。但随着新工艺、新材料的不断发展，铸件质量也在不断提高。

铸造方法可分为砂型铸造、金属型铸造、熔模铸造、压力铸造、离心铸造等几类。

1. 砂型铸造

用专门配制的型砂来制备铸型的铸造方法称为砂型铸造。铸件取出后，砂型也就损坏。砂型铸造的应用很广，用这种方法生产的铸件约占铸件生产总量的80%以上。

砂型铸造是一个工序繁多的综合性生产过程，如图3-17所示。其主要工序有型砂和芯砂的配制、模样与芯盒的制作、造型、造芯，金属熔炼、浇注、落砂清理和质量检验等。其中造型和造芯占用工时最多，对铸件的质量影响较大，是砂型铸造中的主要工序。

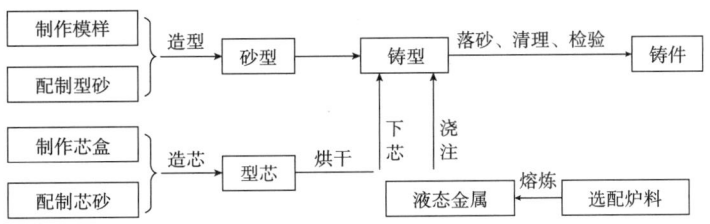

图 3-17　砂型铸造工艺流程图

根据操作手段的不同，造型可分为手工造型和机器造型。手工造型操作灵活，成本低，生产准备时间短，但铸件质量较差，生产率低且劳动强度大，主要用于单件和小批量生产。机器造型生产率高，铸件尺寸精确，表面光洁，但投资大，适合于大批量生产。压盖零件的铸造生产过程如图 3-18 所示。

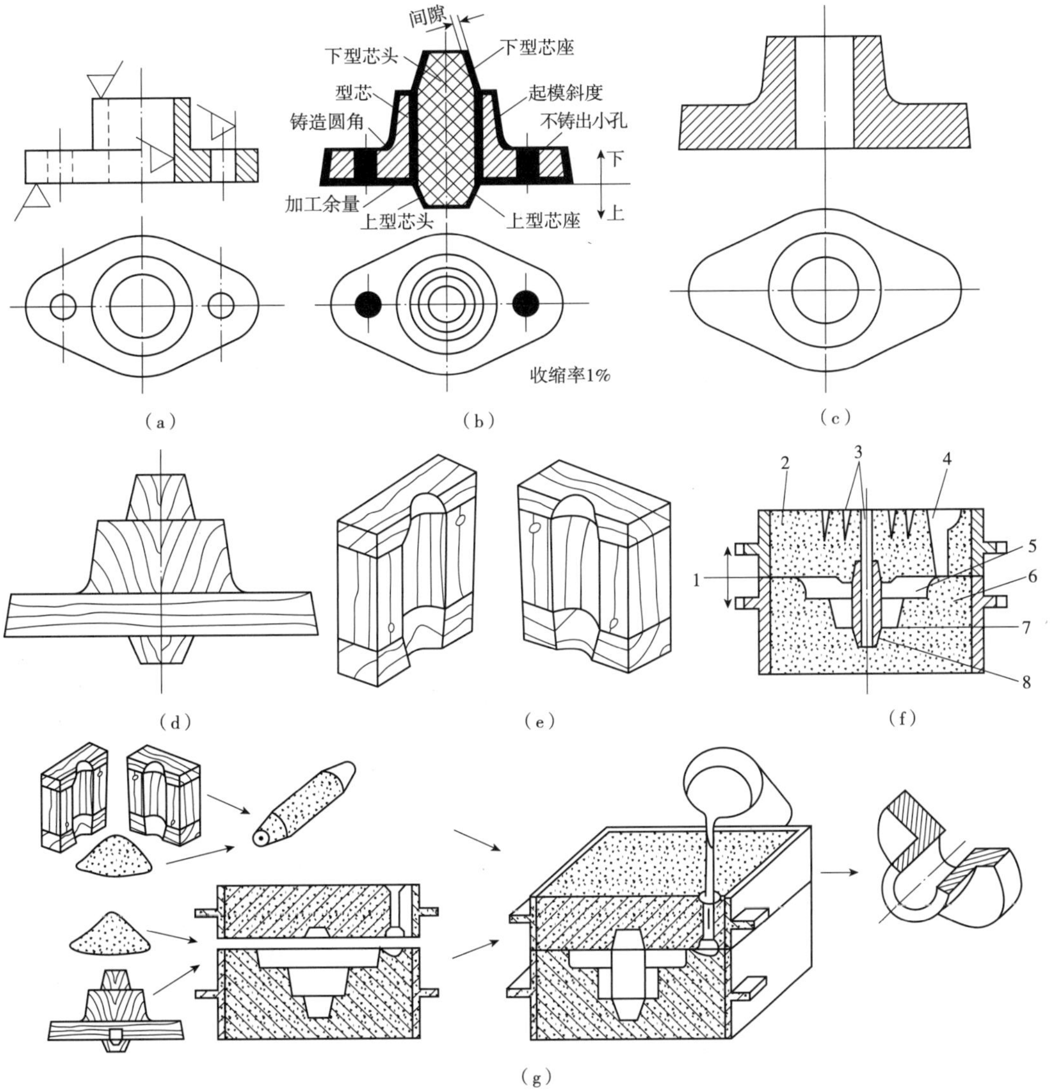

图 3-18　压盖零件的铸造生产过程
（a）压盖零件；（b）铸造工艺图；（c）铸件图；（d）模样；（e）型芯盒；（f）合箱图；（g）工艺过程
1-分型面；2-上砂型；3-通气孔；4-浇注系统；5-型腔；6-下砂型；7-型芯；8-芯头芯座

2. 金属型铸造

金属型铸造又称硬模铸造，它是将液体金属浇入金属铸型，以获得铸件的一种铸造方法。铸型是用金属制成，可以反复使用多次（几百次到几千次）。金属型铸造目前所能生产的铸件，在重量和形状方面还有一定的限制，如对黑色金属只能是形状简单的铸件；铸件的重量不可太大；壁厚也有限制，较小的铸件壁厚无法铸出。

铸铁是金属型最常用的材料。其加工性能好、价廉，一般工厂均能自制，并且它又耐热、耐磨，是一种较合适的金属型材料。只是在要求高时，才使用碳钢和低合金钢。

金属型和砂型，在性能上有显著的区别，如砂型有透气性，而金属型则没有；砂型的导热性差，金属型的导热性很好，砂型有退让性，而金属型没有等。金属型的这些特点决定了它在铸件形成过程中有自己的规律。

型腔内气体状态变化对铸件成型的影响：金属在充填时，型腔内的气体必须迅速排出，但金属又无透气性，只要对工艺稍加疏忽，就会给铸件的质量带来不良影响，金属型的结构如图3-19所示。

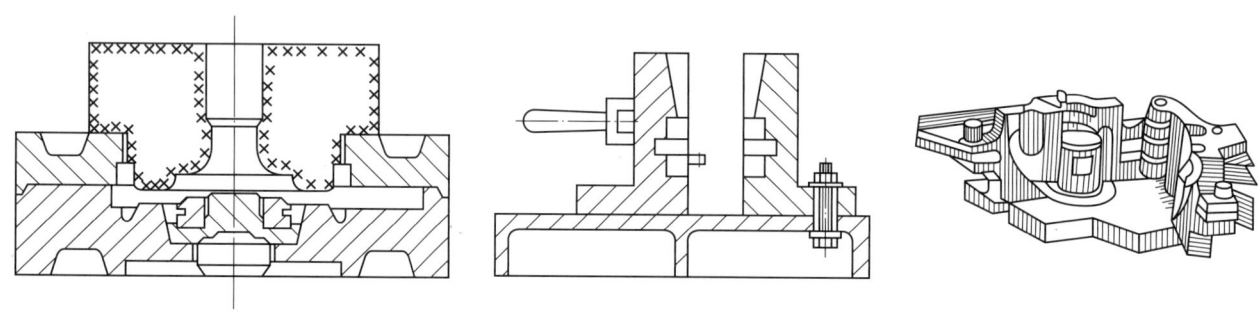

图3-19 金属型的结构

3.5.2 金属塑性加工

塑性加工是使金属在外力（通常是压力）作用下，产生塑性变形，获得所需形状，尺寸和组织，性能的制品的一种基本的金属加工技术，以往常称压力加工。金属塑性加工的种类很多，根据加工时工件的受力和变形方式，基本的塑性加工方法有锻造、轧制、挤压、拉拔、拉深、弯曲、剪切等几类。

1. 锻造

靠锻压机的锻锤锤击工件产生压缩变形的一种加工方法，有自由锻和模锻两种方式。自由锻不需专用模具，靠平锤和平砧间工件的压缩变形，使工件镦粗或拔长，其加工精度低，生产率也不高，主要用于轴类，曲柄和连杆等单件的小批量生产。模锻通过上、下锻模模腔拉制的变形，可加工形状复杂和尺寸精度较高的零件，适于大批量的生产，生产率也较高，是机械零件制造上实现少切削或无切削加工的重要途径。锻压机结构示意图如图3-20所示；模锻工作示意图及多模腔模锻如图3-21所示。

2. 轧制

使通过两个或两个以上旋转轧辊间的轧件产生压缩变形，使其横断面面积减小与形状改变，而纵向长度增加的一种加工方法，根据轧辊与轧件的运动关系，轧制有纵轧、横轧和斜轧3种方式。图3-22所示为金属轧制示意图；图3-23所示为轧制方法制造的各种钢材。

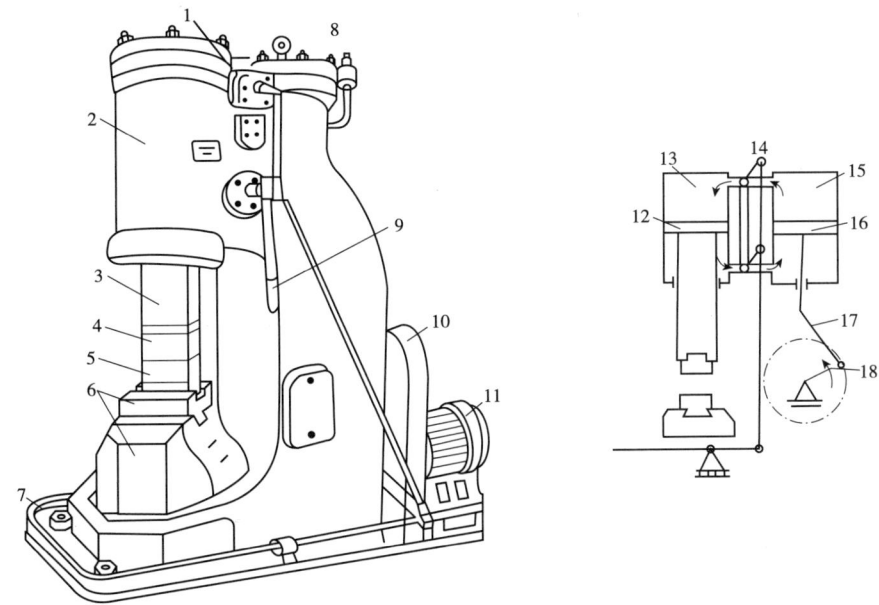

图 3-20 锻压机结构示意图

1-转阀;2-工作缸;3-锤头;4-上砥铁;5-下砥铁;6-砧垫;7-踏杆;8-压缩缸;9-手柄;10-减速机构;
11-电动机;12-活塞;13-工作缸;14-转阀;15-压缩缸;16-活塞;17-连杆;18-曲柄

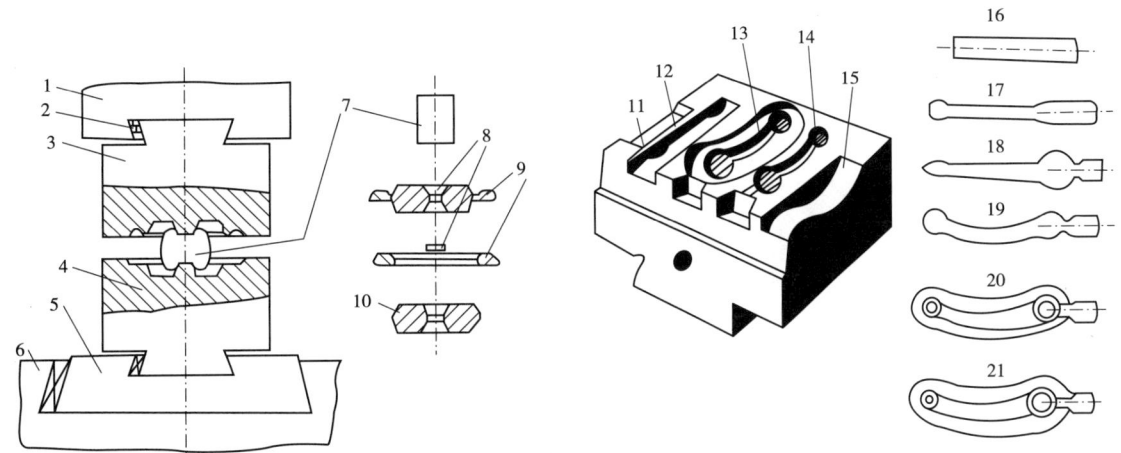

图 3-21 模锻工作示意图及多模腔模锻

1-锤头;2-楔铁;3-上模;4-下模;5-模座;6-砧铁;7-坯料;8-连皮;9-飞边;10-锻件;11-滚挤模膛;12-拔长模膛
13-终锻模膛;14-初锻模膛;15-弯曲模膛;16-原坯料;17-拔长 18-滚挤;19-弯曲;20-初锻;21-终锻

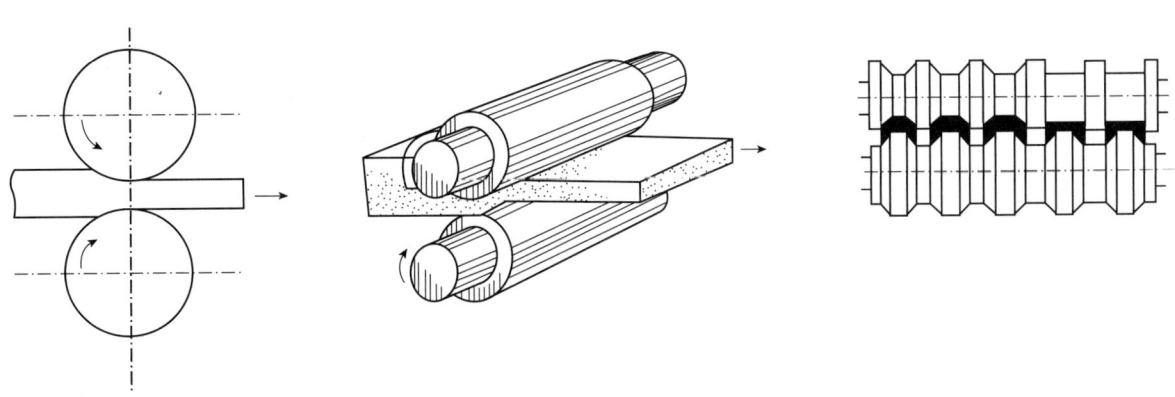

图 3-22 金属轧制示意图

图 3-23 轧制方法制造的各种钢材

3. 挤压

使装入挤压筒内的坯料，在挤压筒后端挤压轴的推力作用下，使金属从挤压筒前端的模孔流出，而获得与挤压模孔形状，尺寸相同的产品的一种加工方法。挤压有正挤压和反挤压两种基本方式，正挤压时挤压轴的运动方向与从模孔中挤出的金属流动方向一致；反挤压时，挤压轴的运动方向与从模孔中挤出的金属流动方向相反。挤压法可加工各种复杂断面实心型材、棒材、空心型材和管材。它是有色金属型材、管材的主要生产方法。挤压示意图如图 3-24 所示。

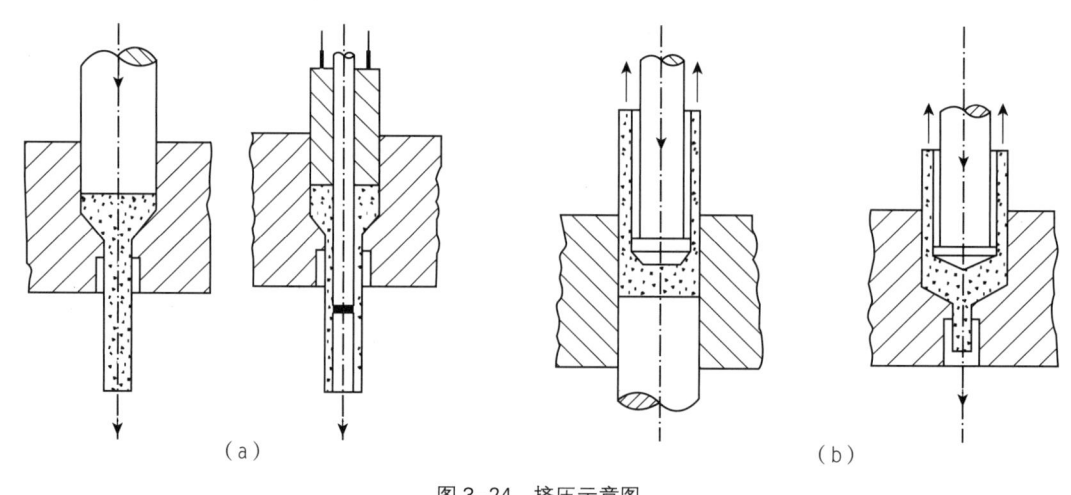

图 3-24 挤压示意图
（a）正挤压；（b）反挤压

4. 拉拔

靠拉拔机的钳口夹住穿过拉拔模孔的金属坯料，从模孔中拉出而获得与模孔形状、尺寸相同的产品的一种加工方法。拉拔一般在冷态下进行，可拉拔断面尺寸很小的线材和管材。如直径为 0.015mm 的金属线，直径为 0.25mm 管材。拉拔制品的尺寸精度高，表面光洁度极高，金属的强度高（因冷加工硬化强烈）。可生产各种断面的线材、管材和型材。广泛用于电线、电缆、金属网线和各种管材生产上（见图 3-25）。

5. 拉深

拉深又称冲压，依靠冲头将金属板料顶入凹模中产生拉延变形，而获得各种杯形件、桶形件和壳体的一种加工方法。冲压一般在室温下进行，其产品主要用于各种壳体零件，如飞机蒙皮、汽车覆盖件、子弹壳、仪表零件及日用器皿等（见图 3-26）。

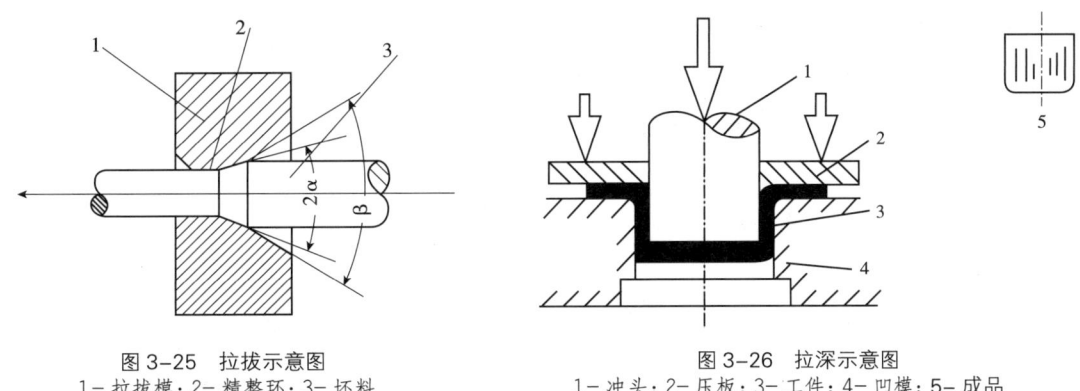

图 3-25 拉拔示意图
1-拉拔模；2-精整环；3-坯料

图 3-26 拉深示意图
1-冲头；2-压板；3-工件；4-凹模；5-成品

6. 弯曲

在弯曲作用下，使板料发生弯曲变形或使板料或管、棒材得到矫直的一种加工方法（见图 3-27 和图 3-28）。

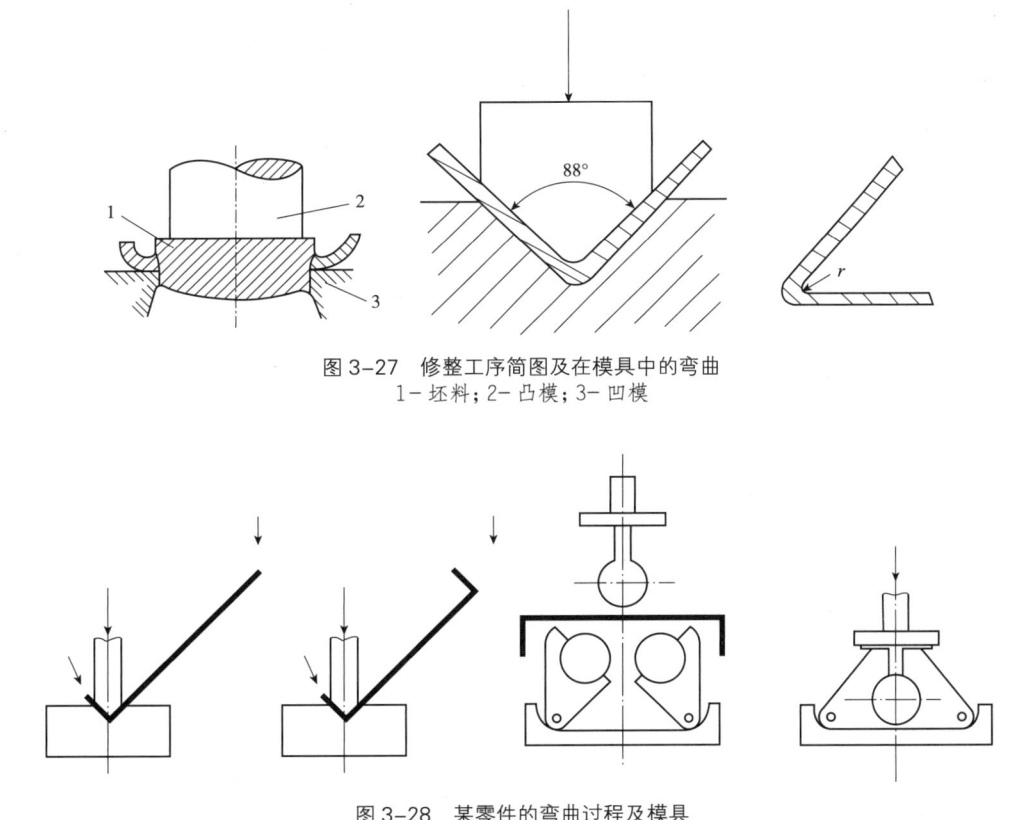

图 3-27 修整工序简图及在模具中的弯曲
1-坯料；2-凸模；3-凹模

图 3-28 某零件的弯曲过程及模具

7. 剪切

坯料在剪切力的作用下产生剪切，使板材冲裁以及板料和型材切断的一种常用加工方法。

3.5.3 金属切削加工

金属切削加工是用刀具从工件上切除多余材料，从而获得形状、尺寸精度及表面质量等合乎要求的零件的加工过程。实现这一切削过程必须具备 3 个条件：①工件与刀具之间要有相对运动，即切削运动；②刀具材料必须具备一定的切削性能；③刀具必须具有适当的几何参数，即切削角度等。金属的切削加工过程是通过机床或手持工具来进行切削加工的，其主要方法有车、铣、刨、磨、钻、镗、齿轮加工、划线、锯、锉、刮、研、铰孔、攻螺纹、套螺纹等。其形式虽然多种多样，但它们在很多方面都有着共同的现象和规律，这些现象和规律是学习各种切削加工方法的共同基础。刀具的切削见图 3-29。

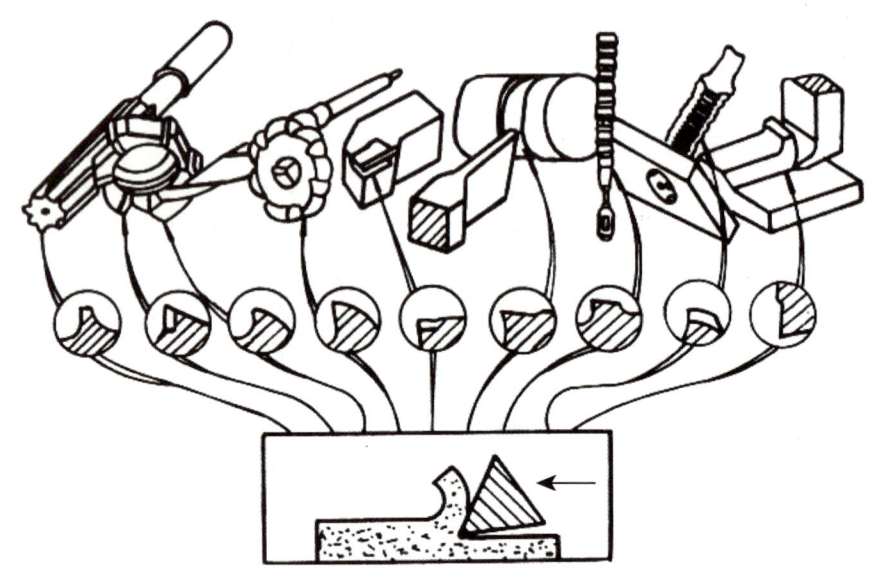

图 3-29　刀具的切削

3.6　金属的面饰工艺

3.6.1　金属蚀刻

通常所指金属蚀刻也称光化学金属蚀刻，指通过曝光制版、显影后，将要金属蚀刻区域的保护膜去除，在金属蚀刻时接触化学溶液，达到溶解腐蚀的作用，形成凹凸或者镂空成型的效果。最早可用来制造铜版、锌版等印刷凹凸版，也广泛地被使用于减轻重量的仪器镶板、铭牌及传统加工法难以加工之薄形工件等的加工。经过不断改良和工艺设备发展，亦可以用于航空、机械、化学工业中电子薄片零件精密金属蚀刻产品的加工，特别在半导体制造上，金属蚀刻更是不可或缺的技术（见图 3-30）。

3.6.2　金属着色

为防止金属腐蚀和装饰，需要对金属制件表面进行的着色处理技术。金属经着色处理后，表面呈现的颜色是由于光通过金属表面薄膜的折射或反射产生光的干涉形成的。不同光路的光波干涉，呈现不同的颜色；当膜的厚度不同时，其表面色彩也不同；若膜的厚度不均匀，则会形成彩虹色或杂色。金属着色可以直接在基体金属表面上进行；也可以在金属表面氧化或阳极化后得到氧化膜层或镀上适当的镀层后再进行。金属着色处理工艺主要有：①热处理着色工艺。将金属制件置于氧化气氛中进行加热处理，使其表面生成氧化膜，由于氧化膜有色干扰特点，故随着加热时间不同，氧化膜厚度不同，表面会呈现不同的颜色；②化学氧化着色工艺，将金属制件置于化学反应剂中，通过金属失去电子或与氧发生化学反应而使表面形成转化膜和着色；③电化学着色工艺。经表面阳极化的金属或有镀层的金属，通过电解时电场的作用，使金属表面的氧化膜或镀层着色（见图3-31和图3-32）。

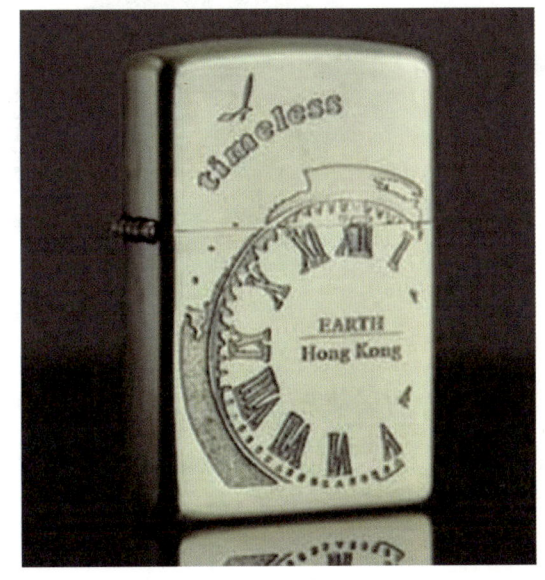 

图3-30　金属蚀刻产品

图3-31　阳极氧化着色笔记本电脑

图3-32　不锈钢着色水壶

3.6.3　金属拉丝及抛光

拉丝可根据装饰需要，制成直纹、乱纹、波纹、旋纹和螺纹等几种。

（1）直纹拉丝是指在铝板表面用机械摩擦的方法加工出直线纹路。它具有刷除铝板表面划痕和装饰铝板表面的双重作用。直纹拉丝有连续丝纹和断续丝纹两种。连续丝纹可用百洁布或不锈钢刷通过对铝板表面进行连续水平直线摩擦（如在有靠现装置的条件下手工技磨或用刨床夹住钢丝刷在铝板上磨刷）获取。改变不锈钢刷的钢丝直径，可获得不同粗细的纹路。断续丝纹一般在刷光机或擦纹机上加工制得。制取原理：采用两组同向旋转的差动轮，上组为快速旋转的磨辊，下组为慢速转动的胶辊，铝或铝合金板从两组辊轮中经过，被刷出细腻的断续直纹（见图 3-33）。

图 3-33　直拉丝电子产品

（2）乱纹拉丝是在高速运转的铜丝刷下，使铝板前后左右移动摩擦所获得的一种无规则、无明显纹路的亚光丝纹。这种加工，对铝或铝合金板的表面要求较高。

（3）波纹一般在刷光机或擦纹机上制取。利用上组磨辊的轴向运动，在铝或铝合金板表面磨刷，得出波浪式纹路。

（4）旋纹也称旋光，是采用圆柱状毛毡或研石尼龙轮装在钻床上，用煤油调和抛光油膏，对铝或铝合金板表面进行旋转抛磨所获取的一种丝纹。它多用于圆形标牌和小型装饰性表盘的装饰性加工。

（5）螺纹是用一台在轴上装有圆形毛毡的小电机，将其固定在桌面上，与桌子边沿成 60° 左右的角度，另外做一个装有固定铝板的拖板，在拖板上贴一条边沿齐直的聚酯薄膜用来限制螺纹角度。利用毛毡的旋转与拖板的直线移动，在铝板表面旋擦出宽度一致的螺纹纹路。

拉丝所得到的效果会有极细微的凹凸效果，但不管是否需要着色，通常是需要表面氧化处理的，氧化处理的目的是得到一层保护膜，以防自然氧化，而且氧化膜的表面硬度也比原材料高，可以起到保护作用，不需要着色的话，可以选用无色透明的阳极氧化膜。

3.7　金属制品设计案例解析

3.7.1　WMF 福腾宝压力锅

采用 WMF 独创的 CROMARGAN18/10 不锈钢材料制成。此钢材是 18% 铬、10% 镍、72% 钢的合成材料。铬使钢材具有防锈保护层，镍则保护钢材不受酸性腐蚀。能适应多种类型厨炉，包括电热灶、煤气灶、陶瓷灶和电磁灶。而且传热快。煎、炸、蒸、焖样样皆可。贴心设计，锅边缘倾倒汤汁不贴边，不滴漏（见图 3-34）。

图 3-34　WMF 福腾宝压力锅
（设计者：Studio Wagner）

3.7.2 蔻妮卡咖啡煮壶

这款经典咖啡壶的造型依照古罗马时期哥德式建筑外观设计,是古典与艺术的表征。亚德罗西为蔻妮卡所绘制的设计手稿,就是一幅家人共处温馨高塔的建筑概念草图。三角形壶嘴让咖啡能流畅倾出,不泼溅也不易回滴。壶身采用最优质的18/10高级不锈钢材质,厚实的壶身加上铜底设计让传热更快,最能够煮出香醇意式浓缩咖啡,使用价值与款式同样经典(见图3-35)。

图3-35 蔻妮卡咖啡煮壶
(设计者:Aldo Rossi)

3.7.3 滤水果盘

该设计依照飞机头的圆弧造型,利用三角定点原理,承托重心。功能与外观完美结合。主要材料为不锈钢和铜(见图3-36)。

3.7.4 艺术双音琴壶

该产品设计来源于古罗马战士头盔;黄铜壶嘴是由德国黑森林专业技师纯手工制作,在水煮沸时发出MI和CI的乐音,犹如莱茵河上缭绕不绝的汽笛声。隔热手把造型犹如古罗马战士头盔,亦如汽船升起的蒸汽,是一款结合视觉与听觉、技术与艺术的完美设计。双音琴壶采用特殊碳素钢底,传热快(见图3-37)。

图3-36 滤水果盘
(设计者:Philippe Starck)

3.7.5 "飞檐垂雨"水龙头

"飞檐垂雨"卫浴水龙头的灵感来自于古代屋檐。当打开水龙头的刹那仿佛雨天的屋檐一般,充满了诗情画意。古典的屋檐外形与现代感的金属材质相融合体现了雅鼎的气质与理念(见图3-38)。

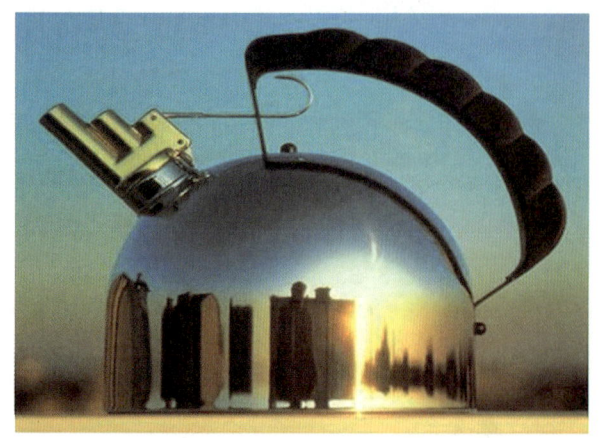

图 3-37　艺术双音琴壶
（设计者：Richard Sapper）

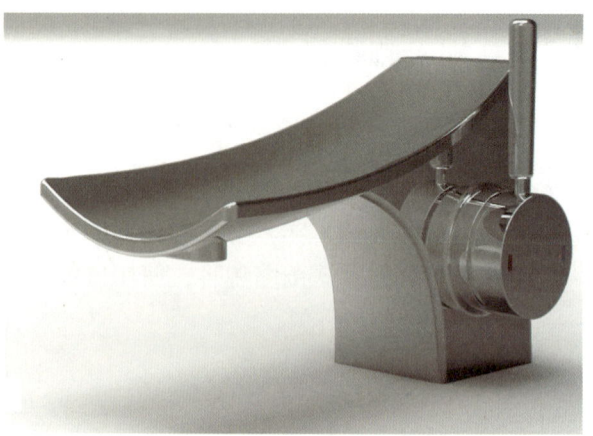

图 3-38　"飞檐垂雨"水龙头
（设计者：黄艺、郑龙海等）

3.7.6　PHILIPPI 亲吻明天便签夹

以日月为元素进行创意设计，水晶玻璃与不锈钢搭配，富有视觉冲击力，让您办公井井有条。金属和玻璃是 PHILIPPI 主要的创作元素，运用冷酷的材料，注入力与美，并把现代、时尚融入德国人对品质一丝不苟的坚持中（见图 3-39）。

3.7.7　西门子 TC911P2 咖啡机

与其说它是一台咖啡机，不如说它是一件艺术品。因为它是小家电领域的大户和鬼才设计团队保时捷 Crossover 的杰作。左边的真空烧壶，可以为你提供 8 倍热气腾腾的香浓咖啡；而右侧的水壶则可以自由拆卸。这个咖啡机全部用不锈钢制造，时尚又大方（见图 3-40）。

图 3-39　PHILIPPI 亲吻明天便签夹
（设计者：PHILIPPI 设计团队）

图 3-40　西门子 TC911P2 咖啡机
（设计者：Helmut Kaiser）

3.7.8　Spirale 烟灰缸

它由两部分组成：一个不锈钢碗和一个内部的弹簧，后者是与以前款式不同的独到创新，并表现出对一个通常受到忽视的物品的功能部件的重视。弹簧能抓住和搁放香烟，使它不至于点燃其他落在缸中的烟嘴，并且容易清洗，而且，弹簧的图案还符合一种审美标准，给人构图上的享受：设计师似乎想在烟灰缸的结构中也体现出烟的螺旋形上升的形状。Bacci 公司最初的生产采用银和比利时大理石，以后 Alessi 公司采用的是不锈钢（见图 3-41）。

3.7.9 哈雷 LED 灯

Halley LED 台灯是 Richard Sapper 长久职业生涯中新近的作品。在 Tom Kelley 的新书《The Ten Faces of Innovation》中，他使用了一章来描述"交叉作用者"——就是指从某一个行业领域借鉴一个方案应用在另一个领域的人。Richard Sapper 也许是"交叉作用者"中最大的例子。一次又一次，这位德国设计师通过挖掘广泛学科的知识而创造出创新性的产品（见图 3-42）。

图 3-41　Spirale 烟灰缸
（设计者：Achille Castiglioni）

3.7.10　多功能搅拌机

KitchenAid 作为台式搅拌机鼻祖，一直以来都是畅销全球的国际名牌，大部分的产品都有适用当地的电压可选，同时，有红、白、灰、镍色 4 种颜色。该产品 10 挡速度调节，适合多种食品的制作；搅拌机还附带拌料棒、打蛋器、搅面钩等配件。可倾式机头，不锈钢搅拌桶，时尚而使用方便（见图 3-43）。

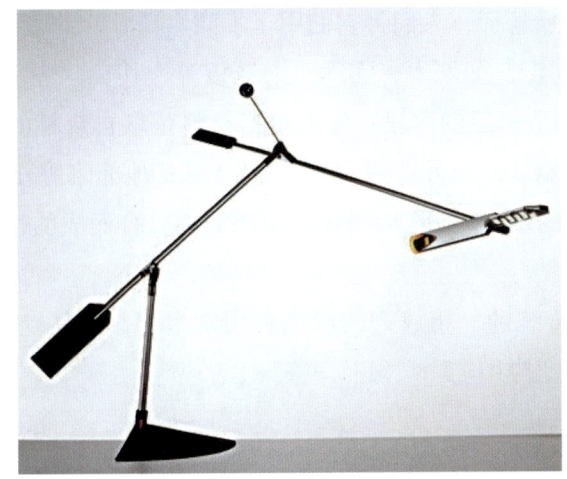

图 3-42　哈雷 LED 灯
（设计者：Richard Sapper）

图 3-43　KitchenAid 多功能搅拌机
（设计者：KitchenAid）

作业与思考题

1. 分析结构钢和工具钢的特点。
2. 金属的成型工艺有哪些？分析各自的异同。
3. 金属的面饰工艺有哪些？分析其对产品设计的影响。

第4章 Chapter 4
木材与加工工艺

4.1 木材概述

木材是能够次级生长的植物，如乔木和灌木，所形成的木质化组织。这些植物在初生生长结束后，根茎中的维管形成层开始活动，向外发展出韧皮，向内发展出木材。木材是维管形成层向内的发展出植物组织的统称，包括木质部和薄壁射线。一般来说，木材泛指用于工民建筑的木质材料，木材对于人类生活起着很大的支持作用。根据木材不同的性质特征，人们将它们用于不同途径。

日常生活中，我们经常听到关于木材的一些词汇，如原木、实木、人造板等，其实，这些都是木材利用的不同阶段。原木是指伐倒的树干经打枝和造材后的木段；实木是指材料是取自森林的天然原木或者实木集成材（也称实木指接材或实木齿接材）；而人造板则是以木材或其他非木材植物为原料，经一定机械加工分离成各种单元材料后，施加或不施加胶粘剂和其他添加剂胶合而成的板材或模压制品。

随着技术的发展以及人们环保意识的增强，传统的、粗放式的单纯利用实木制作产品越来越少，人造板由于其易加工安装和利用率高的特点而被广泛应用。

4.2 原木

4.2.1 原木的基本性能

由于材料的材性及设计对象的要求不同，选材的空间较大，但基本都要综合考虑材料的加工特性、面饰特性、价格、密度、含水率、变形率、胶水的甲醛含量等要素。

一般来说，原木具有质轻、比强度高，天然的色泽和美观的纹理，吸湿性，隔声吸音性，可塑性，易于加工和涂饰，良好的绝缘性，易变形和易燃等特点。

1. 质轻、比强度高

原木由疏松多孔的纤维素和木质素构成。它的密度因树种不同，一般在300~800kg/m³之间，比金属、玻璃等材料的密度要小很多，因而质轻坚韧，并富有弹性，纵向（生长方向）的强度大，是非常好的结构材料，但其抗压、抗弯曲强度差。

2. 天然的色泽和美观的纹理

不同树种的原木或同种原木的不同材区，都具有不同的天然悦目的色泽。如红松的心材呈淡玫瑰色，边材呈黄白色；杉木的心材呈深红褐色，边材呈淡黄色等。同时，年轮和木纹方向的不同还可以形成各种粗、细、直、曲形状的纹理，经旋切、刨切等多种方式还能截取或胶拼成种类繁多的花纹。

3. 吸湿性

原木由许多长管状细胞组成。在一定温度和湿度下对空气中的湿气具有吸收和放出的平衡调节作用。但是，有时也会发生一定程度的湿胀干缩及开裂现象。

4. 隔声吸音性

原木是一种多孔性材料，具有良好的吸音隔音功能。如室内木门，现代家庭中都有好几个房间，人们也越来越关注自己空间的私密性，对门的要求不再停留在视觉阻隔，而且在听觉上也要有一定掩蔽功能。

5. 可塑性

原木在常温下不易发生形变，但是木材蒸煮后可以进行切片，在热压的作用下可以弯曲成形，并且可以用胶、钉、榫等方法比较容易和牢固地结合。

6. 易加工和涂饰

原木易锯、易刨、易切、易打孔、易组合加工成型，且加工比金属方便。由于原木的管状多孔结构，故对涂料的吸附力强，易于着色和涂饰。

7. 良好的绝缘性

全干原木是良好的隔热和绝缘材料，但随着含水率增大，其绝缘程度会降低。

8. 易变形和易燃

原木由于干缩湿胀容易引起构件尺寸、形状和强度的变化，发生开裂、扭曲、翘曲等弊病，并且原木的燃点低，容易燃烧。

9. 各项异性

原木是各项异性的材料，即使是同一树种的木材，因产地、生长条件和部位不同其物理、化学性质差异很大，导致使用和加工受到一定的限制。

4.2.2 原木的三个切面

由于原木的构造在不同的方向上表现出形态、大小、颜色等不同的特征，通常从原木的三个切面来观察木材的主要特征及内在联系，在三个切面上，显现出了原木天然的纹理美（见图4-1）。

（1）横切面：与树干主轴成垂直的切面为横切面。横切面上可

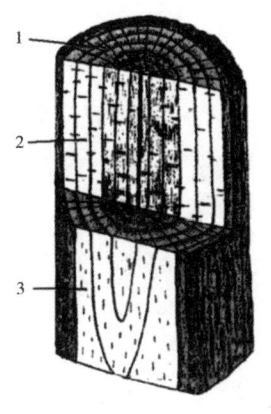

图4-1 原木的三个切面
1-横切面；2-径切面；3-弦切面

看到同心圆状年轮和纵向细胞的断面。木材在这个切面上表面粗糙，硬度大，耐磨损，难刨削，易折断，收缩最小且加工后不易获得光洁的表面。

（2）径切面：与树干平行，通过髓心且与年轮垂直锯开的切面为径切面。径切面上的木材纹理呈直条且互相平行。这个切面收缩小，不易翘曲，因此沿此切面所锯板材，适用于地板、木尺等。

（3）弦切面：与树干平行，但不通过髓心所锯成的切面称弦切面。在这个切面上木纹美观，呈山峰状或"V"字形纹理，但易翘曲变形。木板材大部分都为弦切板，适用于家具制造等。径切面和弦切面统称为纵切面。

4.2.3 常用原木介绍

1. 榉木

榉木有人也把它称为"椐木"或"棋木"。主要产于我国南方，而北方因为较少，很多人不知道叫榉木，有时称为南榆。榉木在传统家具中使用非常广泛。

榉木质地细腻，密度较大，坚固耐冲击，蒸汽加热后容易弯曲，所以容易造型，并且，抱钉性能好。其质地均匀，色调柔和，纹理流畅清晰。比很多普通的硬木都重，在木材的硬度排行上，位处中等偏上水平。

榉木属榆科，北方人称南榆也来于此。属落叶乔木，有时树高可以达到25m。树皮坚硬，枝很细。春天会开淡黄色小花，雌雄同株。花后结三角形果实。据《中国树木分类学》记载：榉木产于江浙者为大叶榉树，别名"榉榆"或"大叶榆"。木材坚致，色纹并美，用途极广，颇为贵重。其老龄而木材带赤色者，特名为"血榉"。如果从玄切面剖开，有的榉木纹理大而美丽，色调酷似花梨木，以致有些别有用心的人大量使用榉木仿制明清家具。

目前，国内木材市场出售的榉木多为进口，产地欧洲和北美地区，木质性能稳定，属于中高档次的家具、玩具用材（见图4-2和图4-3）。

图4-2　榉木纹理

图4-3　榉木玩具

2. 柚木

柚木俗名胭脂木、血树、麻栗、泰柚。柚木是热带树种，要求较高的温度，垂直分布多见于海拔 700～800m 以下的低山丘陵和平原。柚木具有光泽，以缅甸产的为最好，柚木油性光亮，材色均一，纹理通直。

从纹理来看柚木有明显的墨线（或血筋）和油斑，墨线成直线分布，越细越多，代表油质量越高，品质越好，树龄越大，其密度越高，年轮因压力而不规则地扭曲，横切之后呈现鬼斧神工般的美丽花纹，细致优美，被行家称为鬼脸。柚木结构中粗纤维，重量中等，干缩系数极小，干缩率从生材至气干径向 2.2%、弦向 4.0%，是木材中变形系数最小的一种，抗弯曲性好，极耐磨，气干密度为 0.65g/cm³。在日晒雨淋干湿变化较大的情况下不翘不裂；耐水、耐火性强；能抗白蚁和不同海域的海虫蛀食，极耐腐。干燥性能良好，胶粘、油漆、上蜡性能好，因含硅易钝刀，故加工时切削较难。握钉力佳，综合性能良好，故为世界公认的名贵树种（见图 4-4 和图 4-5）。

图 4-4　柚木纹理　　　　　　　　　图 4-5　柚木家具

3. 桦木

桦木纹理直且明显，材质结构细腻而柔和、光滑，质地较软或适中。桦木富有弹性，干燥时易开裂翘曲，不耐磨。加工性能好，切面光滑，油漆和胶合性能好。

桦木属中档木材，实木和木皮都常见。产地为东北、华北，木质细腻淡白微黄，纤维抗剪力差，易"齐茬断"。其根部及节结处多花纹。古人常用其做门芯等装饰。其树皮柔韧美丽。其木多汁，成材后易变形，故绝少见全部用桦木制成的桌椅（见图 4-6 和图 4-7）。

4. 椴木

相对于桦木等硬质木材，椴木显得质地较软。由于其比较耐蚀，不容易开裂、易加工等特点，使用非常广泛。椴木有良好的加工特性，是非常好的雕刻材料。其抱钉能力很强，产品设计中较适合用做需要用钉固定的结构件。经过磨砂或抛光工序，能得到非常好的平滑表面，便于进行涂饰。

椴木干燥时收缩率较大，但尺寸较稳定，所以干燥后变形量小、不容易老化。

椴木重量轻，比强度较低，属于抗蒸汽弯曲能力不好的木料。心材抗腐蚀力差，白木质较容易受虫蛀，一般可以通过渗透防腐处理剂来防治。

椴木一般为黄白色，纹理很直，有特殊光泽和柔软感。木材后期加工性能良好。

树干直且挺拔，由于缺陷较少，所以出材率高。椴木为普通木材，材色较浅，空隙较大，容易染色或漂白（见图 4-8 和图 4-9）。

图 4-6　桦木纹理

图 4-7　桦木积木盒

图 4-8　椴木产品

图 4-9　椴木玩具

5. 松木

松木纹理清晰美观，为淡黄色，树节较多，因松木对大气湿度反应较敏感，所以在遇到湿度变化时，容易产生胀缩，并且难于风干。在用作产品加工前，一般要经过烘干、脱脂、漂白等工序，以去除原材料的缺陷对产品的影响；用松木制作的产品，造型朴实大方，线条饱满流畅，质感好，并且经过抛光等工序，产品的实用性强、经久耐用；弹性和透气性强，保温性能好且保养简单。

在产品设计中，一般选择的松木属针叶林种，这种松木在生长过程中基本上不经人工修剪，所以板料中留有结疤等自然生长痕迹，在制成成品后，能充分展现出材料的自然、真实、厚重的质感。为了充分展现材料的天然、质朴的感觉，保持了木材纹理的清晰自然，线条流畅的特点。

松木产品一般都会在突出其材质的自然、稳重、粗犷风格的前提下，融合现代的制造工艺，如抛光等（见图 4-10 和图 4-11）。

6. 水曲柳

水曲柳主要产于东北、华北等地。呈黄白色（边材）或褐色略黄（心材）。年轮明显但不均匀，木质结构粗，纹理直，花纹美丽，有光泽，硬度较大。水曲柳具有弹性、韧性好、耐磨、耐湿等特点。但干燥困难，易翘曲。加工性能好，但应防止撕裂。切面光滑，油漆，胶粘性能好。水曲柳材质优良，可制各种家具、乐器、体育器具、车船、机械及特种建筑材料。同时，对于研究第三纪植物区系及第四纪冰川期气候具有科学意义（见图4-12和图4-13）。

图4-10 松木方料

图4-11 松木家具

图4-12 水曲柳纹理

图4-13 水曲柳家具

7. 樱桃木

樱桃木是一种高级木料，木纹是直木纹。樱桃木主要分布于美国东部各地区。樱桃木的心材颜色由艳红色至棕红色，边材呈奶白色。樱桃木天生含有棕色树心斑点和细小的树胶窝，纹理细腻、清晰、抛光性好，涂装效果好，适合做高档家居用品。机械加工性能好，干燥尚算快速，干燥时收缩量大，但干燥后尺寸稳定性很好（见图4-14和图4-15）。

8. 黑胡桃木

黑胡桃木年轮相当明显。老龄木时树皮色泽由淡褐转深褐带黑色，幼龄木外皮鳞状，成熟木树皮则呈龟裂。边材是乳白色，心材从浅棕到深巧克力色，偶尔有紫色和较暗条纹。树纹一般是直的，有时有波浪形或卷曲树纹，形成赏心悦目的装饰图案。黑胡桃木主要产于南美洲。适用于家具、精细制品及装饰用贴面板（见图4-16和图4-17）。

9. 美国白橡木

美国白橡木的颜色和外观与欧洲橡木相似。美国白橡木的边材为浅颜色，心材为浅棕色至深褐色。白橡木绝大部分为直纹，纹理中等至粗糙。多用于建筑材料、家具、地板、室内建筑设计、室外细木工制品、模制品、门、橱柜、镶板、枕木、木桥、制酒桶用木条、棺材及吊桶（见图 4-18 和图 4-19）。

图 4-14　樱桃木纹理

图 4-15　樱桃木家具

图 4-16　黑胡桃木纹理

图 4-17　黑胡桃木家具

图 4-18　美国白橡木纹理

图 4-19　美国白橡木家具

10. 紫檀木

紫檀木别名"青龙木",属蝶形花科,亚热带常绿乔木,高五六丈,叶为复叶花蝶形,果实有翼,木质甚坚,色赤,紫檀木入水即沉。紫檀是豆科紫檀属中特别硬重的一类树种统称,是红木中最高级的用材,是一种颜色深紫黑的硬木,最适于用来制作家具和雕刻艺术品。用紫檀木制作的器物经打蜡磨光不需漆油,表面就呈现出缎子般的光泽,因此,用紫檀木制作的任何东西都为人们所珍爱(见图4-20和图4-21)。

图4-20 紫檀木纹理

图4-21 紫檀木家具

4.3 人造板

人造板是利用原木、刨花、木屑、废材以及其他植物纤维为原料,经过机械或化学处理制成的板材。人造板材与木材相比较,既保持了天然木材的优点,又可以合理地利用木材资源,做到小材大用,劣材优用,能够解决天然木材资源不足与缺陷。人造板材具有幅面大,质地均匀,表面平整光滑,变形小,美观耐用,易于加工等优点,被广泛用于家具、建筑、装修等方面。人造板的构造种类很多。最常见的有胶合板、中密度纤维板、刨花板和细木工板等。

4.3.1 胶合板

胶合板,也称夹板,行内俗称细芯板。由3层或多层1mm厚的单板或薄板胶贴热压制而成。夹板一般分为3厘板、5厘板、9厘板、12厘板、15厘板和18厘板6种规格(注:1厘即为1mm)。当然,还有21厘和25厘,这要根据产品的要求选用。

4.3.1.1 胶合板的特点

胶合板是由原木旋切成单板或木方刨切成薄木,再用胶粘剂胶合而成的3层或3层以上的薄板材。胶合板的构成具有以下特点。

1. 对称原则

对称原则就是要求胶合板对称中心平面两侧的单板,无论树种、单板厚度、层数、制造方法、纤维方向、含水率都应该相互对应。

胶合板在组成上有均层的（各层单板厚度相同）和非均层的（各层单板厚度不同）。对于非均层，其对应层的单板厚度一定要相同；对于采用混合树种的胶合板，其对应层树种一般来说应该相同。

由于木材具有吸湿膨胀、解吸干缩的特点，所以当含水率发生变化时，各层单板都要发生变形。其应力大小可用以下公式计算

$$\sigma = E\varepsilon$$

式中　σ——应力，MPa；

　　　E——材料的弹性模量（与单板的树种、含水率等有关），MPa；

　　　ε——应变（与单板材种、纤维方向等有关），$\varepsilon = \Delta L/L$。

通过上式可知，当符合对称原则时，胶合板中心平面两侧各对应层不同方向的应力大小相等。当胶合板含水率变化时，各层应力虽有变化，但对应层的应力变化是均等的。因此，其结构稳定，不会产生形变、开裂等现象。

2. 奇数层原则

奇数层的胶合板，其对称中心平面在中心层单板的中心平面上，这样，当胶合板弯曲时，受剪切应力最大的中心层，恰好是落在中心层的木板上，而不是作用在胶层上。这就保证了胶合板的强度。

通常用奇数层单板，并使相邻层单板的纤维方向互相垂直排列胶合而成，这样做的目的是为了消除因木材各向异性而引发的木材形变不均造成板料的变形，因此有三合、五合、七合等奇数层胶合板。

从结构上看，胶合板的最外层单板称为表板，正面的表板称为面板，它是用质量最好的单板材。反面的表板称为背板，用质量次之的单板材。而内层的单板材称为芯或中板，用质量最差的单板材组成。

制造出来的胶合板，它有如下特点：①胶合板有天然木材的优点。如容重轻、强度高、纹理美观、绝缘等，又可弥补天然木材自然产生的一些缺陷，如节子、幅面小、变形、纵横力学差异性大等；②胶合板生产能对原木的合理利用。因它没有锯屑，每2.2～2.5m³原木可以生产1m³胶合板，可代替约5m³原木锯成板材使用，而每生产1m³胶合板产品，还可产生剩余物1.2～1.5m³，这是生产中密度纤维板和刨花板比较好的原料。

由于胶合板有变形小、幅面大、施工方便、不翘曲、横纹抗拉力学性能好，在可以热压成型等优点。故该材料大量用在产品的一些需要承重、变形、变薄等部位（见图4-22）。

4.3.1.2　胶合板的分类

胶合板按用途分为普通胶合板（适应广泛用途的胶合板）和特种胶合板（能满足专门用途的胶合板）。胶合板的质量要求包括外观等级、规格尺寸、物理力学性能三项内容。外观等级、规格尺寸、物理力学性能三项检验均合格才能判断该产品为合格品，否则为不合格。一般来说，胶合板出厂时应具有生产厂家相关质检部门的产品质量鉴定证明书，并要求注明板材的类别、规格、等级、胶合强度和

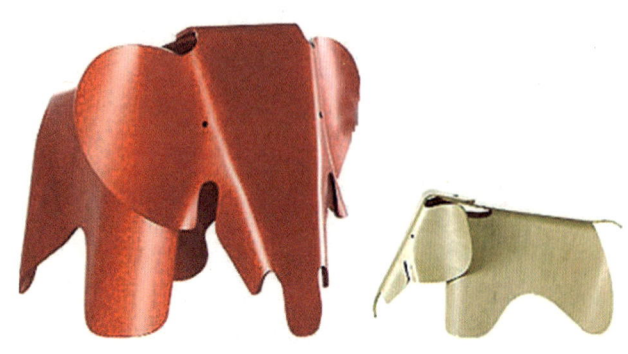

图4-22　通过胶合板热压成型的玩具大象

含水率等参数。对于外观等级，普通胶合板按加工后胶合板上可见的材质缺陷和加工缺陷分为4个等级：特等、一等、二等、三等，其中，一、二、三等为普通胶合板的主要等级。以上4个等级的面板应砂（刮）光，特殊需要者可不砂（刮）光或两面砂（刮）光。砂光胶合板是指板面经砂光机（或刮光机）砂光（或刮光）的胶合板。一般是通过目测胶合板上的允许缺陷来判定其等级。等级取决于允许的材质缺陷、加工缺陷，以及对拼接的要求等（见图4-23和图4-24）。

图4-23 胶合板

图4-24 胶合板场景玩具

4.3.1.3 胶合板的物理力学性能

1. 密度

胶合板的密度可以近似地考虑为构成该胶合板单板的密度的平均值，但是由于单板上涂有胶粘剂和热压过程中单板被压缩，所以通常胶合板的密度要比单板的平均密度大。考虑到上述因素，胶合板的密度可用下式计算。

（1）根据构成胶合板的各单板的密度，用下列公式对应于不同厚度的所有单板的平均密度（ρ）

$$\rho = \frac{d_1\rho_1 + d_2\rho_2 + \cdots + d_n\rho_n}{d_1 + d_2 + \cdots + d_n}$$

式中　$d_1, d_2, \cdots, d_n$——构成单板的厚度；

$\rho_1, \rho_2, \cdots, \rho_n$——厚度为$d_1, d_2, \cdots, d_n$的各个单板的密度。

（2）求出构成胶合板的单板绝干时厚度的总和（D_V）和制成胶合板的绝干厚度（D_P），再用下式计算出胶合板密度的增加值（ρ'）

$$\rho' = \frac{\rho(D_V - D_P) + A(N-1)}{D_P} - B$$

式中　N——构成胶合板的单板层数；

A——根据胶粘剂的种类和涂胶量而确定的系数；

B——根据胶合板和单板的体积收缩率的差而确定的常数。

（3）把计算出的胶合板密度增加值（ρ'）加在构成胶合板的单板平均密度上（ρ），求出胶合板的密度。当制造工艺一定时，单板越薄，层数越多的胶合板，其密度越大。所以在产品设计过程中，一方面要考虑尽量使用层数较少的胶合板，以减轻重量；另一方面，又要考虑其变形情况。

2. 吸湿性和吸水性

将木质材料长期放置在大气中，达到与此时的温湿度相适应的稳定含水率，这个含水率成为平衡含水率。胶合板的吸湿性和板方材一样，反映了同一空气条件下的平衡含水率的大小。它的大小与构成胶合板的单板树种几乎没有什么关系。在制造工艺中，由于耐水性胶粘剂的使用、单板高温干燥及热压胶合的影响，胶合板的吸湿性得到了明显改善。

吸湿速度则受外界条件、胶合板的厚度、胶粘剂种类等影响。通常层数多的同一厚度胶合板随层数的增多吸湿速度降低；胶粘剂种类不同，吸湿速度也有明显的差异。使用耐水性的胶粘剂比使用动物、植物蛋白质胶粘剂制成的胶合板，其吸湿速度小，平衡含水率也低。

胶合板的吸水性和吸湿性一样，具有同样的规律和倾向。

3. 干缩和膨胀

木材在纤维饱和点以下发生干燥或吸湿的时候，随着含水率的变化相应地发生干缩和湿胀。由于木材机构复杂，其干缩和湿胀量有着明显的各向异性，即弦向、径向、纤维长度方向的比分别为20∶10∶1。

胶合板是将相邻层单板的纤维相互垂直地胶合在一起，单板宽度方向干缩和湿胀受到相邻单板纤维方向的抑制，所以胶合板各个方向的干缩和湿胀都得到改善并明显地减少。这是胶合板的一个最大特征。

由同一树种的单板构成的胶合板，含水率变化范围不大时，其干缩、湿胀率可用下式近似地计算。

表板纤维平行方向的干缩率（或湿胀率）

$$A_2 = \frac{a_1 E_1 D_2 + a_2 E_2 D_1}{E_1 D_2 + E_2 D_1}$$

表板纤维垂直方向的干缩率（或湿胀率）

$$A_1 = \frac{a_1 E_1 D_1 + a_2 E_2 D_2}{E_1 D_1 + E_2 D_2}$$

上二式中　a_1，a_2——单板纤维平行方向和垂直方向的干缩（或湿胀）率；

　　　　　E_1，E_2——单板纤维平行方向和垂直方向的弹性模量；

　　　　　D_1——与表板纤维平行方向的单板厚度之和；

　　　　　D_2——与表板纤维垂直方向的单板厚度之和。

当胶合板与表板纤维同方向的单板厚度之和与垂直方向的单板厚度之和相等的时候，其两个方向的干缩（湿胀）率大致相等，其值约为单板纤维垂直方向（弦向）的1/10～1/20。

4. 力学性能

在我国木制产品生产行业中，往往是各种规格板材综合利用，所以，了解胶合板的力学性能对合理利用材料有重要的意义。影响胶合板力学性能的因素很多。单板旋切时产生背面裂隙，由于厚单板裂隙深，质量也较差，因此同一厚度的胶合板，由厚度较小、层数较多的单板构成时，其力学性能比厚度较大、层数较少的单板构成的胶合板要好。

4.3.2 中密度纤维板

中密度纤维板是植物纤维为原料，施加合成树脂，在加热加压条件下压制而成的密度在 0.50～0.88g/cm³ 范围的板材，它诞生于 20 世纪 60 年代的美国，随后得到了世界各地的普遍重视而大量应用。

1. 中密度纤维板分类

中密度纤维板具有良好的力学及加工性能，可以制成各种规格的板材，因此，大量用于玩具制造业等。中密度纤维板质地均匀、多孔，有良好的声学性能。

中密度纤维板对原材料的要求比其他类型人造板低，所以具有成本低廉的特点，比天然木材更为经济（见图 4-25）。

图 4-25 中密度纤维板

中密度纤维板主要分为以下三类。

（1）室内型中密度纤维板，简称为 MDF，是不具有短期经受水浸渍或高湿度作用的中密度纤维板。板型颜色标识为本色。玩具生产中一般采用此类板材较多。

（2）室内防潮型中密度纤维板，简称为 MDF.H，是具有短期经受冷水浸渍或高湿度作用的中密度纤维板，适合于室内厨房、卫生间等环境使用。板型颜色标识为绿色。

（3）室外型中密度纤维板，简称为 MDF.E，是具有经受气候条件的老化作用、水浸泡或在通风场所经受水蒸气湿热作用的中密度纤维板。板型颜色标识为灰色。

2. 中密度纤维板的性能与特点

中密度纤维板的性能与特点如下所述。

（1）结构均匀，密度适中，尺寸稳定，变形量小。

（2）力学性能好，尤其是静曲强度、内结合强度、弹性模量、板面和板边握螺钉力等性能突出，玩具中很适合做框架结构件。

（3）表面平整，由于多孔，油漆附着力强。可以进行粘贴旋切单板；刨切薄木、竹；油漆纸、浸渍纸等装饰面材。

（4）幅面较大，一般规格板为 1220mm×2440mm，板厚也可在 2.5～35mm 范围内变化。

（5）机械加工性能好。

（6）容易制作成各种型面、形状的玩具零部件；由于表面平整，如果加工成曲线边，可不封边而直接进行涂装涂饰处理。

（7）根据特殊需求，也可在生产过程中加入防水、防火、防腐、防霉等化学药剂。

3. 中密度纤维板存在的不足

中密度纤维板是人造板系列产品中比较好应用，也是最常应用的产品之一，其生产技术含量高，生产线容易自动化，致使其产品合格率较高，根据目前的使用情况调查，普遍反映的不足主要有以下几个方面。

（1）有些在原材料选择的过程中把关不严，致使板材表面粗糙，均匀性不好，影响板材的二次加工。

（2）加工环境不好，板材表面容易受胶料、油污等污染，影响板材的面饰工艺及效果。

（3）热压过程不够完善，致使板材的厚度偏差较大。

（4）板材的原料中树皮含量太高，影响成材的质量。

（5）特种板材较少，满足不了某些特殊用途的需要。

（6）甲醛释放量超标，影响人身健康。

以上不足是中国生产的中密度纤维板的主要问题，同时，也是与国外先进制造工艺的差距所在。

作为一种工业原材料产品，中密度纤维板面对的主要消费群是企业，比如家具、地板等生产厂家，很少作为成品直接与普通消费者见面。但是中密度纤维板的质量又是直接影响到消费者购买的成品质量的。由于中密度纤维板一般要经过装饰加工制造成成品后才与普通消费者见面，所以普通消费者很难从外观判断中密度纤维板的质量。

但是普通消费者也可有几个简单直观的判断：

（1）可以从成品的某些加工孔洞的断面查看板材的内部结构，中密度纤维板的组织结构呈纤维状，如果其组织结构呈颗粒状，那很可能是刨花板而根本不是中密度纤维板，这样可以排除以较低价格的刨花板冒充较高价格的中密度纤维板的消费欺诈。

（2）其组织结构越细致紧密一般说明其物理力学性能越好。

（3）近距离嗅闻成品的气味，如果有明显刺鼻的气味则很可能是甲醛超标，使用这样的产品将对身体健康不利。

（4）普通消费者应尽量选择大厂名牌产品，因为他们的产品一般选用经有关部门检测合格的优质中密度纤维板为原材料，有较好的质量保证。

4.3.3 刨花板

刨花板是将木材加工剩余物、小径木、木屑等切削成一定规格的碎片，加入一定数量的胶粘剂后，在一定温度和压力的作用下压制而成的一种人造板，又称为碎料板或微粒板（见图4-26）。

图4-26 刨花板

据统计，生产$1m^3$的刨花板仅需要$1.3 \sim 1.81m^3$的木材，而$1m^3$的刨花板的利用价值相当于$3m^3$原木所制成的板材。因此，刨花板生产是综合利用木材资源，缓解我国木材供应紧张的一种重要途径。刨花板按照密度可分为低密度刨花板$250 \sim 400kg/m^3$；中密度刨花板：$400 \sim 800kg/m^3$；高密度刨花板：$800 \sim 1200kg/m^3$。

刨花板幅面大、表面平整、隔热、隔音性能好，刨花板平面上各个方向的性质基本相同，结构比较均匀，变形小，不翘曲，材质稳定，随着现代家具和装饰材料的发展，刨花板已经广泛应用在家具产品和其他木制品上。加工方便，表面还可以进行多种贴面和装饰。多用于家具、建筑、交通运输、包装等，尤其用于家具。刨花板的握钉力较低，尤其是端面的握钉力；板边暴露在空气中容易吸湿而变形，并使边部刨花脱落，影响质量，一般不适宜制作较大型的或者有力学要求的家具。

4.3.4 细木工板

细木工板是利用窄木条拼接或空心板作芯板，两面覆盖一层或两层单板，经胶压制成的一种特殊胶合板。由于芯层使用木条做材料，且厚度占整块板的60%～80%，所以也称为大芯板（见图4-27）。

实心细木工板的芯板是由小木条拼成，不易翘曲变形，结构稳定，两面再覆以单板，保证了产品的强度，是良好的结构材料。

图4-27 细木工板

根据不同的因素细木工板可以分为以下几种：①按照板芯结构分为实心细木工板和空心细木工板；②按照板芯拼接状况分为芯板胶拼细木工板和芯板不胶拼细木工板；③按照胶接性能分为室外用细木工板和室内用细木工板；④按照层数分为3层细木工板和5层细木工板。

细木工板有许多优点，主要包括以下几项。

（1）结构稳定，不易变形。实木拼板在周围环境的影响下，为平衡含水率不断地变化，易产生开裂、变形，尺寸稳定性和形状稳定性差，而细木工板的稳定性较好，其结构很好地克服了木材的变形。

（2）细木工板的芯极可以大量利用短小料，节约优质木材。

（3）幅面大，板面美观。

（4）力学性能好。细木工板横向强度比实木拼板横向强度高很多。

细木工板主要作为结构材料被广泛应用于家具制造，缝纫机台板，车厢、船舶和建筑业等。

4.4 竹、藤与加工工艺

4.4.1 竹

竹子主要分布在地球的北纬46°至南纬47°之间的热带、亚热带和暖温带地区。世界上除了欧洲大陆以外，其他各大洲均可发现第四次冰川以后的乡土竹种。中国浙江、江西、福建、湖南、云南和四川等都有大量不同种类的竹子分布（见图4-28）。

图4-28 竹子

竹材具有材性好、易繁殖、生命力强、生长快、产量高、成熟早、轮伐期短等特点。竹材和木材相比，具有强度高、韧性大、刚性好、易加工等优势。竹材经过加工，应用非常广泛。如竹材层压板可制造机械耐磨零件等；竹木复合板曾制成第一架竹材单翼高级教练机；竹材人造板可作工程材料。此外竹黄还可制成多种工艺美术品。竹材也是造纸、制纤维板和醋酸纤维、硝化纤维的重要原料。竹炭表面硬度高于木炭，可用于冶炼工业和制取活性炭。

竹材按其结构形态来分，主要有原竹、竹集成材、竹重组材、竹材弯曲胶合材料等。

1. 原竹

原竹利用时一般把大竹用作建筑材料，运输竹筏，输液管道；中、小竹材制作乐器、农具、竹编、家具等（见图4-29）。

(a)   (b)   (c)

图4-29 原竹产品
(a) 乐器；(b) 竹编；(c) 家具

2. 竹集成材

竹集成材是一种新型的竹材人造板，它是通过将竹材加工成一定规格的矩形竹条，经"三防"处理（防腐、防霉、和防蛀）、干燥、涂胶等工艺处理进行组坯胶合竹条，接长、拼宽胶合而成的。竹集成材表面有天然致密通直的纹理、竹节错落有致，因此竹集成材不具有美观的纹理。

竹集成材具有竹材原有的良好物理力学性能、收缩率低的特性；强度大、尺寸稳定、幅面大、变形小、刚度好、耐磨损，并可进行锯截、刨削、镂铣、开榫、钻孔、装配和表面装饰等（见图4-30和图4-31）。

图4-30 竹集成材   图4-31 竹集成材制作的家具

3. 竹重组材

竹重组材（又称重组竹或重竹，也称竹丝板），是一种将竹材重新组织并加以强化成型的一种竹制新材料。先将竹材加工成条状竹篾、竹丝或疏通成长的、相互交联并保持纤维原有排列方向的疏松网状纤维束（竹丝束），再经干燥、施胶、组坯，并通过具有一定断面形状和尺寸的模具经成型胶压和高温高压热固化而成的一种新型竹制型材。竹重组材具有天然木质感，表面纹理有的似直条状的径切纹，有的似山形的弦切纹。还有小节状的涡纹，自然流畅，富于变化（见图4-32和图4-33）。

图4-32 竹重组材

图4-33 竹重组材制成的家具

竹重组材色多样，可以制成浅黄褐色（本色）或棕褐色（咖啡色），也可做成棕褐色与淡黄褐色相交错的斑马木色。根据产品造型需要，还可以将其染成各种材色。竹重组材的触感与木材相同，温暖可亲，滑爽宜人。

4. 竹材弯曲胶合

竹材弯曲胶合是将一叠涂过胶的竹片（竹单板）按要求配成一定厚度的板坯，然后放在特定的模具中加压弯曲、胶合成型而制成各种曲线形零部件的一系列加工过程，所以也称竹片弯曲胶合（见图4-34）。

竹片弯曲胶合工艺可制成曲率半径小、形状复杂的零部件，并能节约竹材和提高竹材利用率；竹片弯曲胶合件的形状可根据其使用功能和人体功效尺寸以及外观的需要，设计成多种多样弯曲件，使弯曲件造型美观多样、线条优美流畅、具有独特的艺术美；竹片弯曲胶合工艺过程比较简单，工时消耗少；竹片弯曲胶合部件，具有足够的强度，形状、尺寸稳定性好；用竹片弯曲胶合件可制成拆装式产品，便于生产、贮存、包装、运输和销售；但是，竹片弯曲胶合工艺需要消耗大量的胶粘剂，竹片越薄、弯曲越方便、用胶量也越大。

4.4.2 藤

藤材与木材一样，都属于自然材料。藤材表面光滑，

图4-34 竹材弯曲胶合而成的座椅

图 4-35 各种藤制家具

质地坚韧、富于弹性，且富有温柔淡雅的感觉。藤材可以单独用来制作家具，也可以同木材、金属材料配合使用（见图 4-35）。

藤皮又可称为藤篾（皮），面板通常由藤篾、藤皮、竹篾、柳条、芦苇、灯芯草、稻草等编织而成，编织纹样图案丰富，编织手法多样。在这类藤编织中，承载编织面状部件（如沙发坐面）的结构，从上到下，依次为编织层、填充层和木质材料层。编织层为装饰表面；填充层可以保证藤家具功能舒适性以及保护编织状表面；木质材料层多用人造板，为主要的受力部分。

4.5 木材成型加工工艺

将木材原材料通过木工手工工具或木工机械设备加工成构件，并将其组装成制品，再经过表面处理、涂饰，最后形成一件完整的木制品的技术过程，称为木材的成型加工工艺。

4.5.1 木材的加工流程

1. 配料

一件木制品是由若干构件组成的，这些构件的规格尺寸和用料通常要求是不同的，按照图纸规定的尺寸和质量要求，将成材或人造板锯割成各种规格毛料（或净料）的加工过程称为配料，这是木制品加工的第一道工序。配料时应根据制品的质量要求，按构件在制品上所处部位的不同，合理地确定各构件所用成材的树种、纹理、规格、含水率等技术指标。

2. 构件的加工

经过配料后，即要对毛料进行平面加工、开榫、打孔等，由此加工出具有所要求的形状、尺寸、结构和表面粗糙度的木制品构件。

3. 装配

按照木制品结构装配图以及有关的技术要求，将若干构件结合成部件，或将若干部件和构件结合成木制品的过程称为装配。对结构和生产工艺相对简单的木制品，则需要把构建装配成部件，待胶液固化后再经修整或加工，才能最后装配成木制品。

4. 木制品的表面涂饰

木制品制成后，一般需要进行表面涂饰、着色，以提高制品的表面质量和防腐能力，增强制品外观的美感效果。木制品的表面涂饰通常包括木材的表面处理、着色和涂漆等工序。

4.5.2 木材的加工方法

木材在由制材品到制成品的过程中，常需要经过多种加工工艺，其中包括锯削、刨削、尺寸度量和划线、凿削、砍削、钻削、拼接，以及装配和成型后的表面修饰等。以下简要介绍几种基本操作方法。

1. 木材的锯割

木材的锯割是木材成型加工中用得最多的一种操作。按设计要求将尺寸较大的原木、板材或方材等，沿纵向、横向或任一曲线进行开板、分解、开榫、锯屑、截断等。

木材锯割时的主要工具是各种结构的锯子，利用带有齿形的薄钢带锯条与木材的相对运动，使具有凿形或刀形锋利刃口的锯齿，连续地割断木材纤维，从而完成木材的锯割操作。使用的工具主要包括手工锯和锯割机床。

2. 木材的刨削

刨削也是木材加工的主要工艺方法之一。木材经锯割后的表面一般较粗糙且不平整，因此必须进行刨削加工。木材经刨削加工后，可以获得尺寸和形状准确、表面平整光洁的构件。

木材刨削加工的主要工具是各种刨刀。利用与木材表面成一定倾角的刨刀的锋利刃口与木材表面的相对运动，使木材表面一薄层剥离，完成木材的刨削加工。使用的工具主要包括木工刨和刨削机床。

3. 木材的凿削

木制品构件间结合的基本形式是框架榫孔结构。因此，在木制品构件上开出榫孔的凿削，是木制品成型加工的基本操作之一。

木材凿削加工时的主要工具是各种凿子，利用凿子的冲击运动，使锋利的刃口垂直切断木材纤维，并不断排出木屑，逐渐加工出所需的方形、矩形或圆形的榫孔。使用的工具主要包括木工凿和榫孔机床。

4. 木材的铣削

木材成型加工中，凹凸平台和弧面、球面等形状的加工是比较普遍的，其制作工艺比较复杂，一般是在木工铣削机床上来进行的。木工铣床是一种万能性设备，它能完成各种不同的加工，例如直线成形表面（裁口、起线、开榫、开槽等）的加工和平面加工，但主要用于曲线外形加工。此外，木工铣床还可用作锯削、开榫和仿形铣削等多种作业，它是木材制品成型加工中不可或缺的设备之一。

4.5.3 木材的连接

大部分的木制品都是由若干零部件按一定的接合方式装配而成。木材的连接方法种类繁多，常见的接合方式有榫接合、胶接合、钉接合和连接件接合等。

1. 榫接合

榫接合是木制品最常用的方式之一，它是由榫头嵌入榫眼或榫槽的一种结合方式。在实际生产中，为了增强榫接合的强度，通常在接合处涂以适量的胶（见图4-36）。

按榫头的形状分可分为直角榫、斜

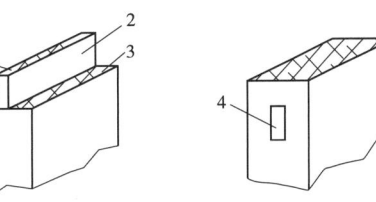
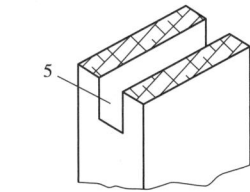

图4-36 榫的结构
1-榫头；2-榫颊；3-榫肩；4-榫眼；5-榫槽

榫、圆棒榫、燕尾榫、齿形榫等直角榫在木制品的框架结构中使用广泛。而斜榫一般很少采用。燕尾榫接合处连接紧密，结构牢固，这种结构可以防止榫头的错动。榫肩的倾斜角度不得大于10°，否则易发生剪切破坏。圆棒榫主要用于木制品的两个工件的连接和定位，其特点是节约木料，省去了开榫、割肩等工序。齿形榫一般用在木材短料的接长，在实际生产中广泛用于指接集成材的加工（见图4-37）。

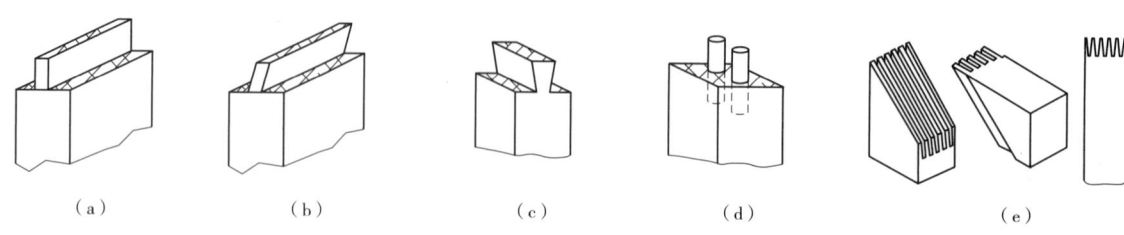

图4-37 按榫的形状分类
（a）直角榫；（b）斜榫；（c）燕尾榫；（d）圆棒榫；（e）齿形榫

按榫头与榫眼的接合方式可分为开口榫、闭口榫、半闭口榫、贯通榫与不贯通榫等。开口榫和贯通榫的接合处胶接面积大，因而接合处强度也较高，但是由于开口榫在装配过程中，所涂的胶层尚未完全凝固时，零部件的接合会发生扭动，使其偏离了位置；贯通榫的榫头是暴露在外表面的，当其本身的含水率发生变化时，榫头会由于干缩或湿涨使得其突出或凹陷于接合处的表面，影响了木制品的美观和装饰质量。闭口榫、不贯通榫接合由于榫头或榫端不暴露在外面，一般用在木制品装饰的表面，主要用在中、高级木制品中。半闭口榫接合，具有开口榫和闭口榫两者的优点，既防止了榫头的扭动，保榫被隐藏起来，不会影响木制品的美观（见图4-38）。

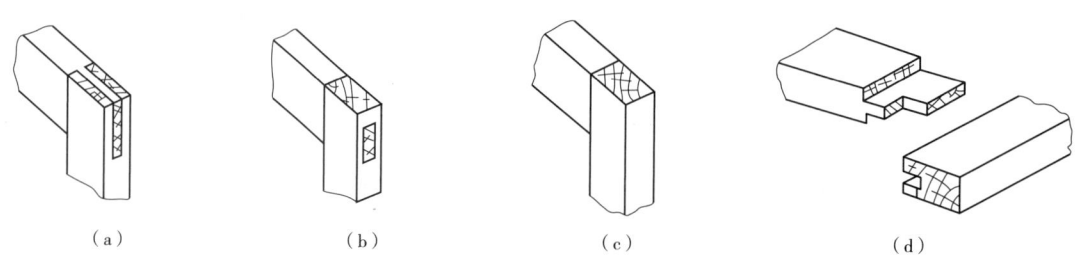

图4-38 按榫的接合方式分类
（a）开口、贯通直角榫；（b）闭口、贯通直角榫；（c）闭口不贯通直角榫；（d）半闭口直角榫

按榫头的数目可分为单榫和多榫，根据工件厚度决定在零件的一端开一个或多个榫头时，只能有一个榫头的称为单榫，有两个榫头的称为双榫，有两个以上的榫头时称为多榫，如图4-39所示。榫头数目增加，也就增加胶层的面积，从而提高了木制品的强度，在实际生产中，一般木框架的方材接合处多采用单榫和双榫，如桌子和椅子等；选用圆棒榫接合时，通常需要两个以上的圆棒，既防止零件的扭动，又提高了其强度。多榫主要用于箱框、抽屉等部位。

按榫头与方材本身的关系分，可分为整体榫与插入榫。整体榫就是榫头是在方材自身上加工出来的，即榫头与方材是一个整体；插入榫的榫头与方材本身不是同一块木料。直角榫和燕尾榫一般都是整体榫，圆榫一般是插入榫，如图4-40所示。插入榫与整体榫比较，在配料时省去了榫头的尺寸，显著节省了木材，同时圆榫还可以由专用设备加工，装配时亦可以采取专用机械将其迅速拧入接合处。圆榫眼也可以用多轴钻床加工，大大提高了工作效率，因而圆榫接合利于板式部件的安装、定位、拆装、包装和运输，为零部件的加工、涂饰和装配的机械化提供了条件。

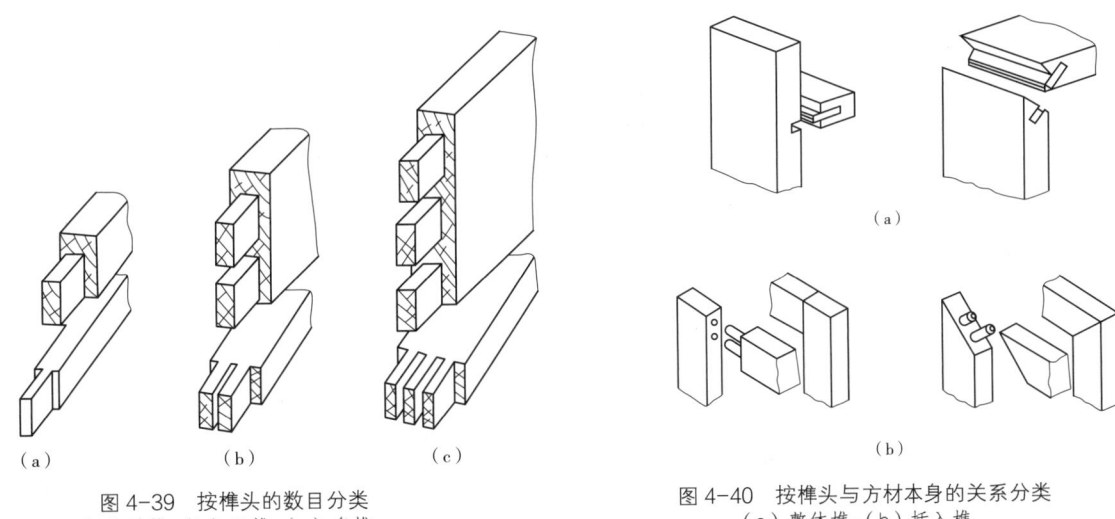

图 4-39 按榫头的数目分类
（a）单榫；（b）双榫；（c）多榫

图 4-40 按榫头与方材本身的关系分类
（a）整体榫；（b）插入榫

2. 胶接合

胶接合是指单独用胶黏剂把木制品的零部件接合起来的方式。随着新型胶种的出现，胶接合的方法越来越多，短料的接长、窄料拼宽，覆面板的胶合等均采用胶接合。胶合还可应用在不适合采用其他方式的场合，如薄木或三聚氰胺装饰板等材料的贴面，乐器、铅笔、乒乓球拍、工艺木制品以及纺织机械的木配件等也采用胶接合。在实际生产中，胶接合常在其他的接合方式中起辅助作用，如钉接合、榫接合会配以胶来加固。其优点是可以达到小材大用，节省木材，劣材优用，并且提高了木制品的质量，改善外观效果。

3. 钉接合

钉接合是一种操作简便的连接方式。木钉和竹钉在我国传统手木工中应用较多，现在主要采用金属钉。由于钉接合时会破坏木材纤维且连接的强度较低，故只能用在木制品的内部接合处及对外观质量要求不高的地方，如抽屉滑道的固定或者用于钉踢脚线、包线等部位。钉接合通常都与胶黏剂配合使用，有时则只是起辅助作用。

4. 连接件接合

连接件接合是一种可拆装的特殊构件，它可以由不同材料制成，如金属、塑料、木材等，采用连接件接合，可以实现机械化、自动化生产。连接件接合方式有偏心连接件、直角式连接件和空心螺柱连接件等。

偏心式连接件是利用偏心螺母（偏心轮）结构将另一板件的连接端部拉紧，从而把两板连接在一起，它用于两相互板件的连接。偏心连接件一般由偏心轮、拉杆、预埋件三部分组成，若拉杆为双向，则无需预埋件。快装式偏心连接件则将预埋件和拉杆合成一体。偏心连接件接合对板件加工精度要求较高，其拆装方便，有较大接合强度，主要用于各种柜体、箱体的板件装配接合（见图 4-41）。

直角式连接件由倒刺螺母、带倒刺的直角件和螺栓三

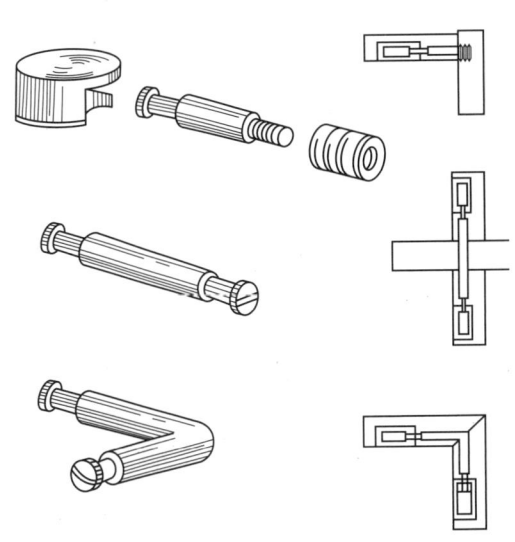

图 4-41 偏心式连接件

部分组成。接合时，先将倒刺螺母及直角件分别安装在两块板上，然后将螺杆穿过直角件与倒刺螺母连接起来。这种接合方式成本较低，而且板面都为表面钻孔，打孔难度低，方便加工，可用于一般的柜体板件的接合（见图4-42）。

空心螺柱连接件主要由螺柱和螺母组成。接合时，首先将螺母预埋在一块板的孔中，然后把螺柱穿过两工件对应的孔拧入螺母内。此接合方式简便，接合牢固，但是螺柱一端会暴露在外部，影响美观（见图4-43）。

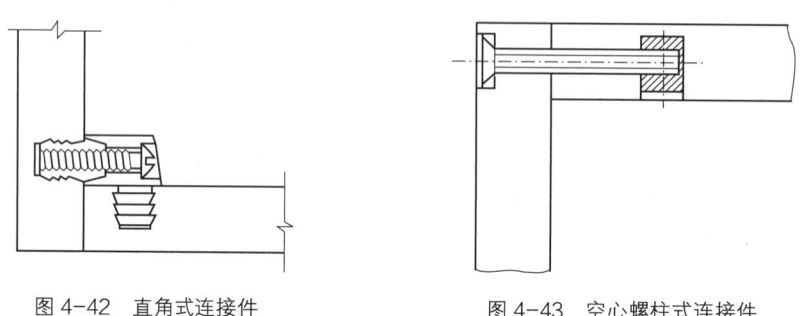

图4-42　直角式连接件　　　　　图4-43　空心螺柱式连接件

4.6　木材的面饰工艺

木制品的设计、制作加工和表面装饰是木制品生产的三大过程。一件木制品如果只有美观的外形和良好的加工质量，而没有适当的表面装饰，不能说是一件完美的制品，它所应有的艺术效果也不能充分体现出来。因此，木制品装饰是木制品生产中不可缺少的重要组成部分。一般来说，木制品表面装饰主要有贴面、涂饰和艺术装饰等。

木制品表面装饰的主要目的有两种：①在制品表面形成一层保护层，使木材表面受到保护，以免受到空气、阳光、水分、昆虫、菌类、化学药品以及污物的直接接触；在使用中，存在磨损与碰撞，表面装饰就可以削弱这种损害，从而延长使用寿命；②美化修饰。经过表面涂饰后的木制品，不仅能够掩盖木材本身的一些缺陷如节子、虫眼、疤痕等，更重要的是，使木制品具有各种各样丰富的色泽和质感，美化和装饰周围的环境，给人以美感。

4.6.1　木材贴面

木材的贴面是指将片状或膜状的饰面材料用（或不用）胶粘贴在木制品表面进行装饰。木制品贴面常用的材料有薄木、装饰纸、聚氯乙烯薄膜等。

1. 薄木贴面

薄木贴面是将具有珍贵树种特色的薄木贴在基材或板式部件的表面，能使零部件表面保留木材的优良特性并具有天然木纹和色调的真实感。特别是具有各种美丽自然木纹的优质薄木，是现代板式家具最为理想的装饰材料，越来越受到广大用户的青睐，有着广泛的市场发展前景。

薄木按照厚度分类可分为厚薄木、薄木和微薄木。厚薄木是厚度大于或等于0.8mm的薄木，多为0.8~1.0mm；薄木是厚度大于或等于0.2mm的薄木，习惯上所称的薄木即为此种薄木，常用的厚度为0.3~0.6mm；微薄木厚度小于0.2mm的薄木，现在国内应用较少。

按薄木表面上的纹理分类可分为弦向薄木、径向薄木和树瘤薄木。弦向薄木表面上的木纹为抛物线或V形曲线状排列的薄木称为弦向薄木，即木材的年轮在薄木表面上呈V形排列。径向薄木表面上的木纹呈近似平行直线状排列的薄木称为径向薄木，即年轮在薄木表面上呈明显的线条状。树瘤薄木是用树瘤刨切出来的薄木，表面上呈现出各式各样不规则的优美奇特图案，有的如大海的波涛，有的似天空上的云雾，有的像动物的皮革，变化莫测，具有很好的装饰效果，应用非常广泛，现市场上供不应求。

薄木的拼接纹理薄木在进行贴面之前，要根据部件的规格、纹理要求、材质要求，对薄木进行剪切、拼接。

制造木制品时，往往由于装饰的需求，需要将薄木剪切后拼成各种图案，使装饰效果更加突出。薄木是按照表面纹理、缺陷分布情况、规格、拼花图案等条件来进行拼接的。薄木的拼接可以在胶贴之前进行，也可以在胶贴的同时进行（见图4-44）。

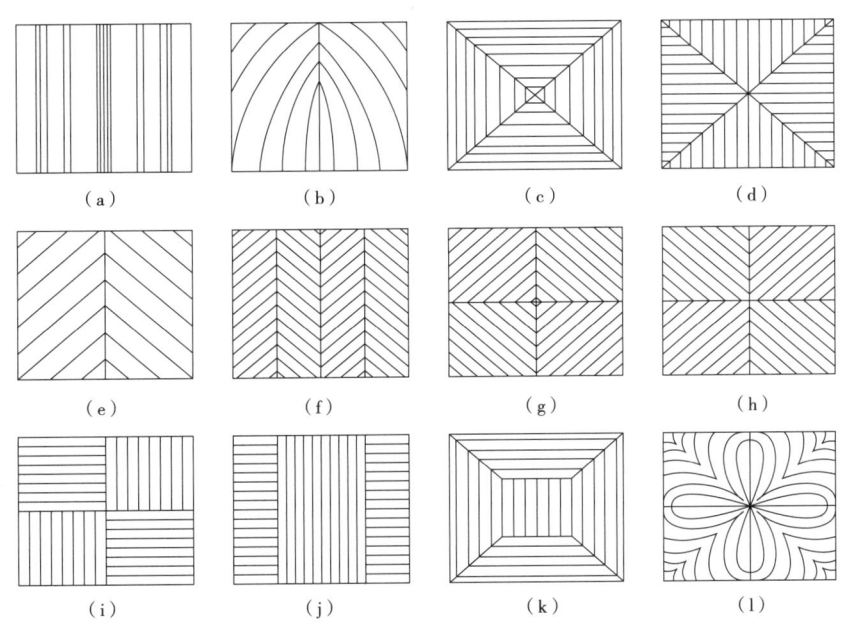

图4-44 薄木拼花
（a）顺纹拼花；（b）对纹拼花；（c）箱纹拼花；（d）反箱纹拼花；（e）V形拼花；（f）双V形拼花；（g）宝石纹拼花；（h）反宝石纹拼花；（i）席纹拼花；（j）横竖纹拼花；（k）复合拼花；（l）涡纹拼花

2. 装饰纸贴面

装饰纸是在普通纸上印刷有木纹、石材纹或各种色彩的纸，由于印刷技术的进步，装饰纸上的图案效果可以达到乱真的地步，装饰性效果非常优异。

装饰纸贴面就是将装饰原纸胶贴在基材表面上，表面再用涂料涂饰，或在表面贴透明的塑料薄膜（见图4-45）。

3. 聚氯乙烯薄膜贴面

聚氯乙烯薄膜是一种新型的装饰材料，用表面压纹、凹版印刷可得到色调柔和，有立体感的装饰表面。聚氯乙烯薄膜印刷性能好，印刷前不需任何处理，薄膜可制成透明或不透明的，印刷各种图案及花纹后，色泽鲜艳悦目。它透气性小，可减少空气湿度对人造板的影响。表面比较柔软，便于模压。但聚氯乙烯薄膜耐热性比较差，表面硬度比较低，胶黏剂的选择比较困难，从而使聚氯乙烯薄膜贴面人造板的用途受到了一定的限制（见图4-46）。

图 4-45　各种肌理的装饰纸

图 4-46　各种聚氯乙烯贴面板材

4.6.2　木材涂饰

涂饰是指按照一定工艺将涂料涂布在木制品表面形成一层漆膜。木制品表面涂饰所用的涂料要求能牢固地附着在木材上，色泽均匀，有一定的光洁度，装饰效果好；具有一定的耐水、耐热、耐磨、耐光照和耐化学药品性；具有一定的硬度和弹性等；涂饰后表面应无毛刺、流挂、气泡、凹陷和擦伤等缺陷。

木材的涂饰主要包括基材处理、填孔与着色、涂饰涂料、涂层干燥和涂层（漆膜）修整等工序。

1. 基材处理

基材应光洁平整，不得有鼓包、嘟噜、劈裂、缺材、刨痕、磕碰、划伤、缺角少棱及有横竖砂纸印路等缺陷。产品不允许有直角等硬角（阳角），所有硬的棱角均需要倒圆角，圆角半径一般为2mm，需均匀一致。基材修整的具体方法应根据基材表面状态决定，应用较多的是基材砂光、研磨。

涂饰前的基材表面必须十分干净，其表面的所有脏物（如胶迹、灰尘、磨屑等）都应彻底清除。

制造透明装饰制品，有时部件的局部颜色不正或太暗，不能获得较佳的装饰效果，这时最好把有缺陷的一面粘贴单板。如果有极小的斑点，也可以采用脱色的办法，但脱色后必须清洗干净，打磨光滑。

用针叶材制作木制品时，必须在涂饰前去除树脂，以提高涂层附着力和色泽均匀性。常用的去树脂的方法有溶解法和洗涤法。

白坯表面，常因木材本身的结构与机械加工等原因，会有许多缺陷，如节子、虫眼、裂纹以及局部凹陷、钉眼、榫孔、立茬拔尖等，这些缺陷如不加以处理，会使涂层的基础不平整，多耗许多涂料而造成浪费，同时也使产品表面漆膜不平整。处理的方法是用腻子腻平局部缺陷，使表面平整。

2. 填孔与着色

基材的表面处理完毕后，根据装饰要求、木材的情况和木制品的档次，在涂饰之前还要填孔。在实际的生产过程中，常常将填孔和着色工序合并进行。将木材表面的孔隙填满、填实、填牢，才能发挥填孔作用。在填孔作业中，以擦和刮为主要方法。擦涂法适用于管孔不大的材料。刮涂法适用于管孔较大的材料，如盐柳、橡木、黑胡桃等实木及其贴面材料。

填孔着色后，管孔饱满，不得有半孔或跳孔，要实、平；木材花纹清晰，不得有白棱、白角，使结构产品或部件根角要干净一致；对易着色的部位要少擦，对于不易着色的部位要多擦几次，使着色的部件整体色调基本一致；对于局部着色的可使用纸胶带界定着色的边界；不着色部位必须保持干净，不得有色迹、污物。

3. 涂饰涂料

涂饰涂料是指在经过处理以及填孔着色之后的表面涂饰多遍清漆或色漆，以形成一定厚度的涂层。按照涂饰涂料的过程，涂漆分为底漆涂饰和面漆涂饰。底漆涂饰的目的是封住表面，减少面漆消耗。面漆涂饰用于形成表层漆膜。面漆的涂饰方法很多，除手工涂饰外，还有辊涂、淋涂、喷涂等方法。在面漆涂饰时，应保证整个被涂表面上涂层厚度均匀，不允许有遗漏。

4. 涂层干燥

木制品涂料一般是常温固化型的。常用的干燥固化方式有自然固化、加热固化和辐射固化等。

5. 涂层修整

整个涂层是由多层组成，为了保证涂饰质量，要求每一层涂层都达到干燥、平整和光滑。为了做到这一点，每涂一层后都需要经过适当的干燥、砂磨除去缺陷，有的木制品最后面层还需要进行抛光。

4.6.3 木材艺术装饰

艺术装饰包括雕刻、压花、镶嵌、烙花和贴金等。在木制品生产加工过程中，往往是几种装饰方法结合使用，如贴薄木后再进行涂饰，镶嵌、雕刻、烙花、贴金与涂饰相结合等。

1. 雕刻

木材的雕刻在我国古代就有广泛应用，我国各地的古建筑、佛像、家具及工艺品上保存着很多有传统艺术性的优秀雕刻。现在木材的雕刻仍是家具、工艺品和建筑构件等的重要装饰方法之一。全国已发展有黄杨木雕、红木雕、龙眼木雕、金木雕、金达莱根雕和东阳木雕等六大类木雕产品，木材雕刻按其特性和雕刻方法可分为浮雕、透雕、圆雕、线雕等几种（见图 4-47 和图 4-48）。

图 4-47 透雕

图 4-48 浮雕

2. 压花

压花是在一定温度、压力、木材含水率等条件下，用金属成型模具对木材、胶合板或其他木质材料进行热压，使其产生塑性变形，制造出具有浮雕效果的木质零部件的加工方法，又称模压。

压花加工生产率高，适于批量生产，成本较低。压花方法有平压法和辊压法。平压法是直接在热压机中进行压花。在热压机的上或下压板上安装成型模具，即可对木材工件进行压花加工。辊压法是使工件在周边刻有图案纹样的辊筒压模间通过时即被连续模压出图案纹样。该法生产效率高，广泛用于装饰木线条的压花（见图4-49）。

3. 镶嵌

用不同颜色、质地的木块、兽骨、金属、岩石、龟甲、贝壳等拼合组成一定的纹样图案，再嵌入或粘贴在木家具表面上的一种装饰方法，即为镶嵌。木家具镶嵌在我国历史悠久，广泛用于家具、屏风和日用器具等。

按嵌件材料可分为玉石嵌、骨嵌、彩木嵌、金属嵌、贝嵌或几种材料组合镶嵌等。按镶嵌工艺可分为挖嵌、压嵌、镶拼和镶嵌胶贴等（见图4-50）。

图4-49 压花

图4-50 镶嵌

4. 烙花

烙花是用赤热金属对木材施以强热（高于150℃），使木材变成黄棕色或深棕色的一定花纹图案的一种装饰技法。该法简便易行，烙印出的纹样淡雅古朴、牢固耐久。用烙花的方法能装饰各种制品，如杭州的天竺筷、河南安阳的屏风和挂屏、苏州檀香扇以及现代的家具门板、屉面板、桌面等。烙花装饰的方法主要有烫绘、烫印、烧灼、醋蚀等（见图4-51）。

5. 贴金

贴金是用油漆将极薄的金箔包覆或贴于浮雕花纹或特殊装饰面上，以形成经久不褪、闪闪发光的金膜。贴金用的金箔分真金箔和合金箔（人造金箔）。真金箔是用真金锻打加工而成，根据厚度和质量又分为重金箔（室外制品装饰用）、中金箔（家具及室内制品装饰用）和轻金箔（圆缘装饰用），价格昂贵，但光泽黄亮、永不褪色。合金箔只适用于室内制品的装饰，而且其表面必须涂饰无色的清漆以防变色（见图4-52）。

图 4-51　烙花

4.7　木制品设计案例解析

4.7.1　Neo Country

Neo Country 带有强烈的乡村简约风格，这一套三款的家具，包括手椅、摇椅、凳子。设计师在石灰木上使用了喷沙的过程，进而让其成果拥有一种亚光表面完工。最独特的莫过于其靠背所延伸出来的扶手，似北欧寒冷中，伸出双手的怀抱。Ineke Hans 通过设计此套 Neo Country 作品来表达了其个人对新田园家具的描述。即简朴又快乐的形式，就好像是在洋娃娃房屋里的家具一样。其主要采用的是原木色及石灰蓝，并配以杂乱但很巧妙的连接方法。其椅背及摇椅的摇杆都是独立的弯曲部件，磨砂处理的表面使得其木纹更加明显（见图 4-53）。

图 4-52　贴金

4.7.2　Hiip Table

Hiip Table 为经典和摩登的设计，加入了创新的细节性。设计师带来的三张不同大小的茶几，可收纳进单一的空间内。有天然原木色或樱桃红、中国蓝和棕栗色的选择（见图 4-54）。

4.7.3　Costes 椅子

位于巴黎的 Hotel Costes 开张时所制造的轰动，除了有 DJ Stephane Pompougnac 的混音专辑外，就是设计师带来的这一张椅子。当时由 Jean-Louis Costes 策划的这个酒店的咖啡厅，舍弃了之前法国咖啡馆的所谓工业标准，在没有吊灯，没有高雅气氛下，让这张简约结构的椅子顺势成为城中大热，进而卖出了超过 100 万张。当初以桃心木胶合板，搭配上三支金属脚架与黑色皮质坐垫制成椅子，现也有全黑的版本选择（见图 4-55）。

图 4-53 Neo Country
（设计者：Ineke Hans）

图 4-54 Hiip Table
（设计者：Leonardo Talarico）

图 4-55 Costes 椅子
（设计者：Philippe Starck）

4.7.4 Fat Tray 胖子托盘

芬兰设计师 Harri Koskinen 为阿莱西公司设计的一套多功能餐具，包括杯子和竹制托盘、收纳盒。设计师给这个竹木制托盘名为"Fat"（胖子），因为它可以把所有餐具摆设都给"吞"在肚子里，而把放置新鲜食物，饮料或糕点的区域放到它的顶部，可以用来为一个商务会议或下午茶服务。这是 Alessi 公司的第一款托盘/收纳盒，也是它们至今为止投产的唯一一款木制托盘（见图 4-56）。

4.7.5 水果碗家具

米兰设计师 Hiroomi Tahara 的藤制创意家居作品，这是"果盘系列"作品中的一套，以"水果碗"命名。这个沙发采用全手工工艺制作，人们坐在上面，就像是在一个 1/4 的果盘里，矮矮的桌子让人感觉很放松。半包围的设计让人们坐在沙发上十分服帖，也充满安全感。而藤条编织的材质会让家中更富于典雅的气质，夏天时也有一种天然凉（见图 4-57）。

4.7.6 椅君子

台湾设计师石大宇设计的"椅君子"获得 2010 EDIDA 国际设计大奖中国区最佳座椅设计奖、德国设计委员会 Interior Innovation Award 2011 的得主（见图 4-58）。

"椅君子"用简单几何图形勾勒出座椅结构，同时完成椅子应有的舒适度。椅座部分由竹条圈成的方圆框并列，从正面看有如竹圈构成的隧道，竹条方圆框的延伸正好作为椅背结构，座椅从口，椅背从尹，整体侧面轮廓如"君"字之形；竹圈间的空隙通风，竹条并曲线条优雅，坐于上有如在飘浮般的轻弹感，合理表现出竹材独有的特质与美感。

图 4-56 Fat Tray 胖子托盘
（设计者：Harri Kosikinen）

图 4-57 水果碗家具
（设计者：Hiroomi Tahara）

4.7.7 椅琴剑

"椅琴剑"椅脚采用现成实心竹剑材料，实心竹料为回收竹条废料压合而成，既充分利用资源，亦符合椅子结构强度需求；椅背由传统古法制作的"竹枕"造型概念延伸，椅面则以竹条相间并排，椅面与下方支撑结构间的空隙，使竹条受力时表现出如琴弦般的细微弹性，一坐下即可感受竹结实而灵巧的生命力。

"椅琴剑"双双再次夺得 2010 德国红点设计奖，入围 2011 德意志联邦共和国设计奖（Designpreis Deutschland）。除此之外，"椅琴剑"还获得 2010 香港 DFA Award 亚洲最具影响力优秀设计奖（见图 4-59）。

图 4-58 椅君子
（设计者：石大宇）

图 4-59 椅琴剑
（设计者：石大宇）

4.7.8 Bram Boo 的创意家具

比利时设计师 Bram Boo 的家具设计打破传统，且非常实用。设计师采用木头作为家具的主要材料，他设计的家具受到了人们日常生活习惯的影响。Bram Boo 设计的家具造型独特，特有的储藏空间给人们带来便利（见图 4-60）。

4.7.9 Splinter 家具系列

日本设计工作室 Nendo 为日本高端民用及商用家具公司 Conde House 设计了 Splinter 家具系列。该系列的家具特点是它的每一个木制部件都能拆分出来，从椅子的靠背，扶手，椅腿，到挂衣杆顶端的钩架都能拆分。就如同分裂那样，所以才取名"Splinter"（见图4-61）。

图4-60 Bram Boo 的创意家具
（设计者：Bram Boo）

图4-61 Splinter 家具系列
（设计者：日本设计工作室 Nendo）

设计师将大块的木材按其原厚度打造，从而在必要时提供足够的强度，同时利用木材薄件打造更细致的部分。设计师用温柔的态度去接近和了解木材，从而令它们保持其原有的状态。

4.7.10 广岛家具系列

广岛系列家具始于2008年，由日本的国际知名设计师深泽直人设计（见图4-62）。深泽直人说道：椅子，一直以充满温暖感的独特手工制作为特点，而不是强调设计的工艺产品，这个系列注重于细腻与清晰的形象，同时保留住人类的温暖感。简单的座椅具备妙不可言的构架，彰显天然木材的魅力，可以随处使用，能够无处不在。可选山毛榉木或者是橡木。

图4-62 广岛家具系列
（设计者：深泽直人）

作业与思考题

1. 分别讲述实木、原木、人造板的概念与异同。
2. 简述常用原木的性能特点，并举例如何应用。
3. 常用人造板有哪些？分析其加工特点。
4. 木材的连接方法有哪些？分析其异同。
5. 木材的面饰工艺有哪些？分析其异同。

第5章　陶瓷与加工工艺

中国人早在约公元前8000～公元前2000年（新石器时代）就发明了陶器。陶瓷材料大多是氧化物、氮化物、硼化物和碳化物等。常见的陶瓷材料有黏土、氧化铝、高岭土等。陶瓷材料一般硬度较高，但可塑性较差。除了在食器、装饰的使用上，在科学、技术的发展中亦扮演重要角色。陶瓷原料是地球原有的大量资源黏土经过萃取而成。而黏土的性质具韧性，常温遇水可塑，微干可雕，全干可磨；烧至700℃可成陶器能装水；烧至1230℃则瓷化，可完全不吸水且耐高温耐腐蚀。其用法弹性大，在今日文化科技中尚有各种创意的应用（见图5-1～图5-4）。

图5-1　创意陶瓷灯具

图5-2　创意陶瓷花瓶

图5-3　创意陶瓷烟灰缸

图5-4　创意陶瓷马克杯

5.1 陶瓷概述

5.1.1 陶瓷的概念

"传统陶瓷"一般是指陶器和瓷器的通称。陶器用陶土作胎，其胎体质地比较疏松，敲击发出的声音低沉浑浊。瓷器一般认为主要是以瓷石或者高岭土为原料，富含长石、石英石和莫来石等成分，并且含铁量低。陶器的烧成温度一般在700℃以上、1200℃以下，通常表面不挂釉，即使挂釉也大多是低温釉，按烧成温度、方法以及制作原料的不同可以分为红陶、灰陶、彩陶、黑陶和釉陶等。瓷器的烧成温度一般在1200～1400℃，可分为中温瓷器、高温瓷器，胎质致密，具有透明或半透明性，敲击可发出清脆的声音。

陶瓷一般包括日用陶瓷、艺术陈设陶瓷、建筑卫生陶瓷、电瓷、化工陶瓷等。由于使用的原料主要是硅酸盐矿物，所以人们把传统陶瓷制品与玻璃、水泥、搪瓷、耐火材料等归属于硅酸盐材料（见图5-5和图5-6）。

图5-5 陶器　　　　　　　　　　　图5-6 瓷器

随着近代科学技术的发展，出现了许多新的陶瓷品种。它们不再使用或很少使用黏土、长石、石英等传统陶瓷原料，而是使用其他特殊原料甚至扩大到非硅酸盐、非氧化物原料范围；同时也出现了许多新的生产工艺，如氧化物陶瓷、碳化物陶瓷、氮化物陶瓷等。由于这些制品在使用原料、化学组成、生产工艺、材料性能、结构形态和产品应用等方面与传统陶瓷的含义有了很大的变化，因此，"广义陶瓷"可理解为"无机非金属固体材料"（见图5-7～图5-12）。

从结构上看，一般陶瓷制品是由结晶物质、玻璃态物质和气泡所构成的复杂系统，这些物质在种类、数量上的变化，赋予不同的陶瓷有不同的性质。

陶瓷制品的品种繁多，它们之间的化学成分、矿物组成、物理性质以及生产工艺，常常互相接近交错，无明显的界限，但在应用上却有很大的区别。

图 5-7　日用瓷

图 5-8　陈设瓷

图 5-9　建筑瓷

图 5-10　卫浴瓷

图 5-11　电瓷

图 5-12　化工瓷

5.1.2　陶瓷的发展历史

在中国，制陶技艺的产生可追溯至公元前 4500 年，可以说，中华民族发展史中的一个重要组成部分是陶瓷发展史，中国人在科学技术上的成果以及对美的追求与塑造，在许多方面都是通过陶瓷制作来体现的，并形成各时代非常典型的技术与艺术特征。

早在欧洲掌握制瓷技术之前1000多年，中国已能制造出相当精美的瓷器。从我国陶瓷发展史来看，一般是把"陶瓷"这个名词一分为二，为陶和瓷两大类。中国传统陶瓷的发展，经历过一个相当漫长的历史时期，种类繁杂，工艺特殊，所以，对中国传统陶瓷的分类除考虑技术上的硬性指标外，还需要综合考虑历来传统的习惯分类方法，结合古今科技认识上的变化，才能更为有效地得出归类结论。

从传说中的黄帝、尧、舜及至夏朝（约公元前21世纪至公元前16世纪），是以彩陶来标志其发展的。其中有较为典型的仰韶文化，以及在甘肃发现的稍晚的马家窑与齐家文化等，1949年后在西安半坡史前遗址出土了大量制作精美的彩陶器，令人叹为观止。相传尧传天下于舜，舜传天下于禹，禹则传给其子，开始了所谓的"家天下"。夏传至桀，暴虐无道，商汤将之放逐，自立为帝，所以以征讨得天下者，自汤开始。商得天下后统治达500多年（约公元前1600年至公元前1046年前后），一直到纣王。后被武王征伐，纣王自杀，于是天下归于周。周朝的统治时期大致在公元前1046年至公元前221年，事实上的有效统治在公元前771年（西周）就已结束。公元前471年至公元前221年称为战国时期（也称西周），至公元前221年，秦朝崛起，大一统之中国开始，但秦王朝只持续到公元前206年，就被汉朝所取代。在这数百年间，除日用餐饮器皿之外，祭祀礼仪所用之物也大为发展（见图5-13～图5-15）。

图5-13　马家窑文化半山彩陶

图5-14　齐家文化彩陶

公元前206年至公元220年汉朝艺术家和工匠们的创作材料不再以玉器和金属为主，陶器受到了更为确切的重视。在这一时期，烧造技艺有所发展，较为坚致的釉陶普遍出现，汉字中开始出现"瓷"字。同时，通过新疆、波斯至叙利亚的通商路线，中国与罗马帝国开始交往，促使东西方文化往来交流，从此一时期的陶瓷器物中也可以看出外来影响的端倪。佛教也至此时传入我国。

六朝时期（220至581年），迅速兴起的佛教艺术对陶瓷也产生了相应的影响，在此期作品造型上留有明显痕迹。581年隋朝夺取了政权，结束了长期的南北分裂局面，但它只统治到618年就被唐所取代。

唐代（618至907年）被认为是中国艺术史上的一个伟大时期。陶瓷的工艺技术改进巨大，许多精细瓷器品种大量出现，即使使用当今的技术鉴定标准来衡量，它们也算得上是真正的优质瓷器。唐末大乱，英雄竞起，接踵而来的是一个朝代争夺局面，即五代，这种局面一直持续到960年。连年战乱中却出现了一个陶瓷新品种——柴窑瓷，质地之优被广为传颂，但传世者极为罕见。陶瓷业至宋代（960至1279年）得到了蓬勃发展，并开始对欧洲及南洋诸国大量输出。以钧、汝、官、哥、定为代表的众多有各自特色的名窑在全国各地兴起，产品品种日趋丰富。由于东北的（辽）契丹族和（金）女真族的入侵，宋的统治者被迫南迁，再后则被蒙古族所灭。1280年，元朝枢府窑出现，景德镇开始成为中国陶瓷产业中心，其名声远扬世界各地。景德镇生产的白瓷与釉下蓝色纹饰形成鲜明对比，青花瓷自此兴起，在以后的各个历史时期也一直深受人们的喜爱。

图 5-15　仰韶文化彩陶

明朝统治从1368年开始，直到1644年。这一时期，景德镇的陶瓷制造业在世界上是绝对最好的，在工艺技术和艺术水平上独占突出地位，尤其是青花瓷达到了登峰造极的地步。此外，福建的德化窑、浙江的龙泉窑、河北的磁州窑也都以各自风格迥异的优质陶瓷蜚声于世。随着明朝最后一个皇帝的自杀身亡，1644年李自成率领农民起义军攻入北京。从吴三桂召满清大军入关到1911年清室覆灭，满清统治200余年。其中康熙、雍正、乾隆三代被认为是整个清朝统治下陶瓷业最为辉煌的时期，工艺技术较为复杂的产品多有出现，各种颜色釉及釉上彩异常丰富。到清代晚期，政府腐败，国运衰落，人民贫困，中国的陶瓷制造业日趋退化。

民国成立以后，各地相继成立了一些陶瓷研究机构，但产品除沿袭前代以外，就是简单照搬一些外国的设计，毫无发展可言。民国初，军阀袁世凯企图复辟帝制，曾特制了一批"洪宪"年号款识的瓷器，这批瓷器在技术上不可谓不精，以粉彩为主，风格老旧。由于内战频仍，外国入侵，民不聊生，整个陶瓷工业也全面败落，直到新中国建立以前，未出现过让世人注目的产品。

5.2　陶瓷的成型工艺

陶瓷制品的成型，就是采用不同方法将坯料制成具有一定形状和尺寸的坯件。根据成型方法差异，陶瓷的成型可分为模具成型、泥板成型、拉坯成型、外塑内挖成型和泥条盘筑成型等。在生产中，选择成型方法应从以下几个方面考虑。

（1）制品的形状、大小和厚薄等。

一般形状复杂或较大，尺寸精度要求不高，薄胎、厚壁产品可采用注浆法成型，而具有简单回转体的产品可采用可塑法中的旋压成型或滚压成型，具有规则几何形状的产品可采用压制法成型。

（2）坯料的性能。

可塑性好的坯料适用于可塑法成型，可塑性较差的坯料可用注浆法或压制法成型。

(3) 产品的产量和质量要求。

产量高的产品可采用可塑法中的机械成型，产量低的产品可采用注浆法成型。产量小而质量要求不高时可采用手工可塑法成型。质量要求高的产品可采用压制法中的等静压成型。

(4) 其他方面。

选择成型方法还应考虑经济效益、设备条件、工人操作水平及劳动强度等。

总之，在保证产品产量和质量的前提下，应选用工艺可行、设备简单、操作方便、生产周期最短和经济效益最好的成型方法。下面就常用的几种成型方法做简要介绍。

5.2.1 陶瓷的模具成型

制作模具的材料有木模、塑料模、钢模、石膏模等。陶瓷一般选用经低温煅烧后失去部分结构水的二水石膏来制作模具，这种石膏加注水调匀后，有能在较短时间内迅速凝固的特性，待石膏干燥后并有较强的吸水功能石膏做的模具，可以使石膏的空隙（毛细管）的吸水特性将泥料或泥浆里的水分很快吸收，使泥坯或泥浆很快干燥或硬化而成型。

1. 模具印坯成型

先根据作品表面效果的需要将泥坯制作成泥板、泥条或泥团。分别放入每块石膏模具内壁，并在已经压制好的泥坯接缝处用陶针或锯片大毛，涂上泥浆。然后将两块模具合并，将手伸入坯体内用泥条将接缝处压实、压平，以增加接缝处的黏结强度。接着将全部的模块按照以上方法依次完成。最后用绳索捆扎，待模具内的坯体在石膏模具中硬化后打开，取出坯体，修缮完成（见图5-16）。

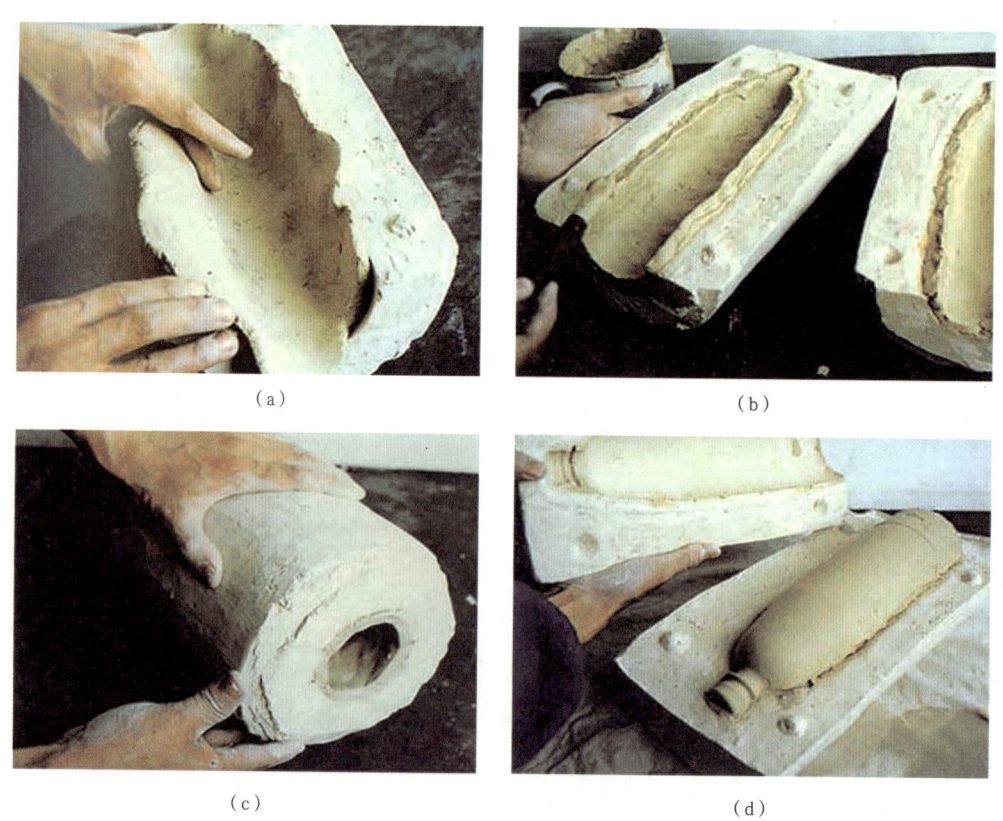

图5-16 模具印坯成型

（a）将泥板贴在模具上；（b）涂抹泥浆增加黏结度；（c）合模；（d）开模取出坯体

2. 模具注浆成型

先将石膏模具合模，并用绳索捆扎。注浆口朝上，通过注浆口注浆，待模具内壁的泥浆吸附至所需要的厚度并形成坯体时，迅速将模具内多余的泥浆通过注浆口倒出。再将模具方正，注浆口朝下，让多余的泥浆排出，待模具内的坯体在石膏模具内硬化即可开模，取出坯体，修缮完成（见图5-17）。

5.2.2 陶瓷的泥板成型

泥板成型，就是将泥团拍制成泥板，再围合或黏贴成型。泥板成型工艺的制作非常丰富，手法多样，它完全决定于不同的创作形式而采用不同的泥板成型工艺。在此，简要介绍一下最常用的箱器成型和卷筒成型工艺。

图5-17 模具注浆成型

1. 箱器形成型法

将设计好的箱器形作品计算出各个面的比例和尺寸，在制作好的泥板上切割成各自不同的面。待泥板干燥到有较好的竖立性时，用陶针或小锯条刮毛泥板需要镶接的部位，并涂上泥浆。然后将两块泥板镶接面合上，用手轻轻压紧、压实，再用泥条在两块泥板的内直角处用手指或工具压紧、压实，以增强板与板间的黏结性。采用以上方法依次一块一块镶接，直至棱角造型作品完成。待作品干燥到一定程度，用工具修整镶接处，并在作品表面作刻划、色釉等装饰直至泥板成型完成（见图5-18）。

2. 卷筒形成型法

选用报纸捏成团状放置在泥板上作内部支撑，利用泥的柔软性和可塑性慢慢将泥板卷成筒状，并将泥缝间压紧使其紧密相连，然后用手托住已卷囊好的泥板将其竖立起来，放置到预先准备好的作品底板上，并将其相连。待坯体干燥到有一定的站立性，然后根据造型需要采取捏、按、压等手法调外形，并作表面装饰，直至卷筒成型工艺完成（见图5-19）。

5.2.3 陶瓷的拉胚成型

拉胚成型就是将炼就的泥料放于转动的盘件上，借旋转之力，用双手将泥拉成器坯的成型方法。

拉胚在陶艺制作中是较常用的一种方法，但由于它的技术要求较高，所以练习者需花费较长时间才能掌握。拉胚可以制作碗、杯、罐、盘等简易的造型，也可利用拉胚成型后再进行切割，组合成各种复杂的造型。拉胚是体验泥性、感受泥性的最直接的方法。这种方法能在顷刻间展现出旋转的魅力和成就感，所以得到越来越多人的喜爱（见图5-20）。

5.2.4 陶瓷的泥条盘筑成型

泥条盘筑成型应该说是陶瓷成型技法中最为方便、造型表现力最强的技法之一。先将泥料搓揉成均匀的圆形泥条，然后，根据所需造型先拍打出底板，最后将搓好的泥条一圈一圈通过围绕、黏结、叠加或者螺旋形向上盘旋而构筑形体（见图5-21）。

图 5-18 箱器形成型法
(a) 制作泥板;(b) 泥板裁切;(c) 用泥条压紧接缝;(d) 四周修整

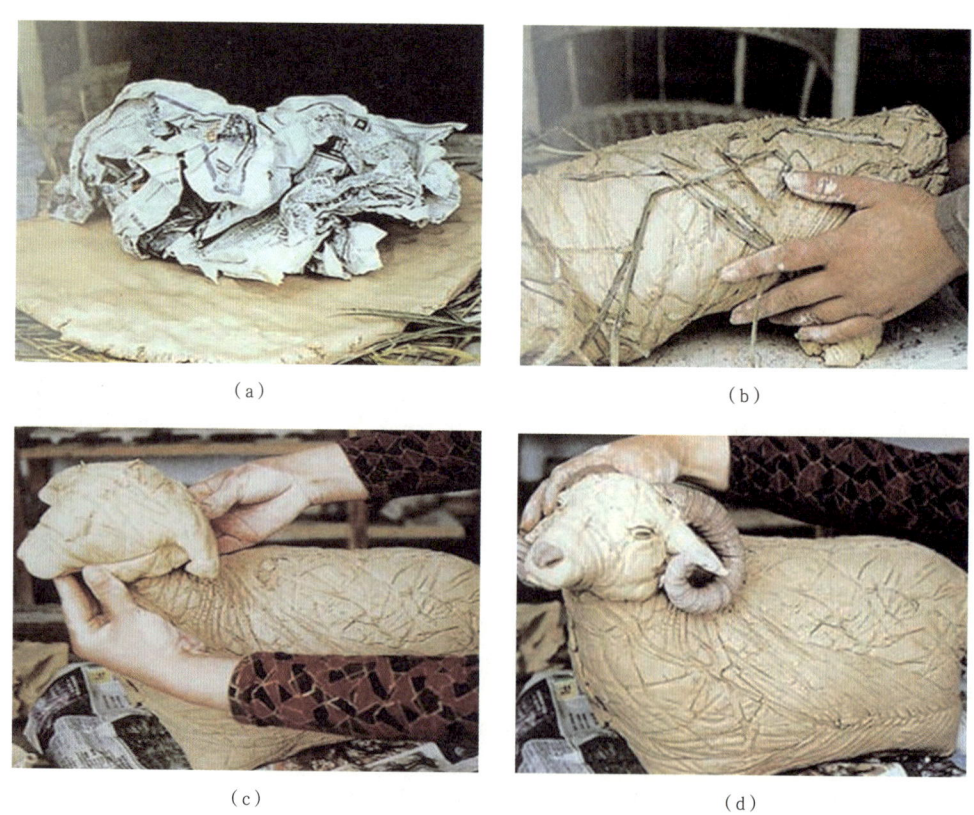

图 5-19 卷筒形成型法
(a) 将报纸放在泥板中;(b) 将泥坯卷成大致形体;(c) 黏结其他部件;(d) 整形

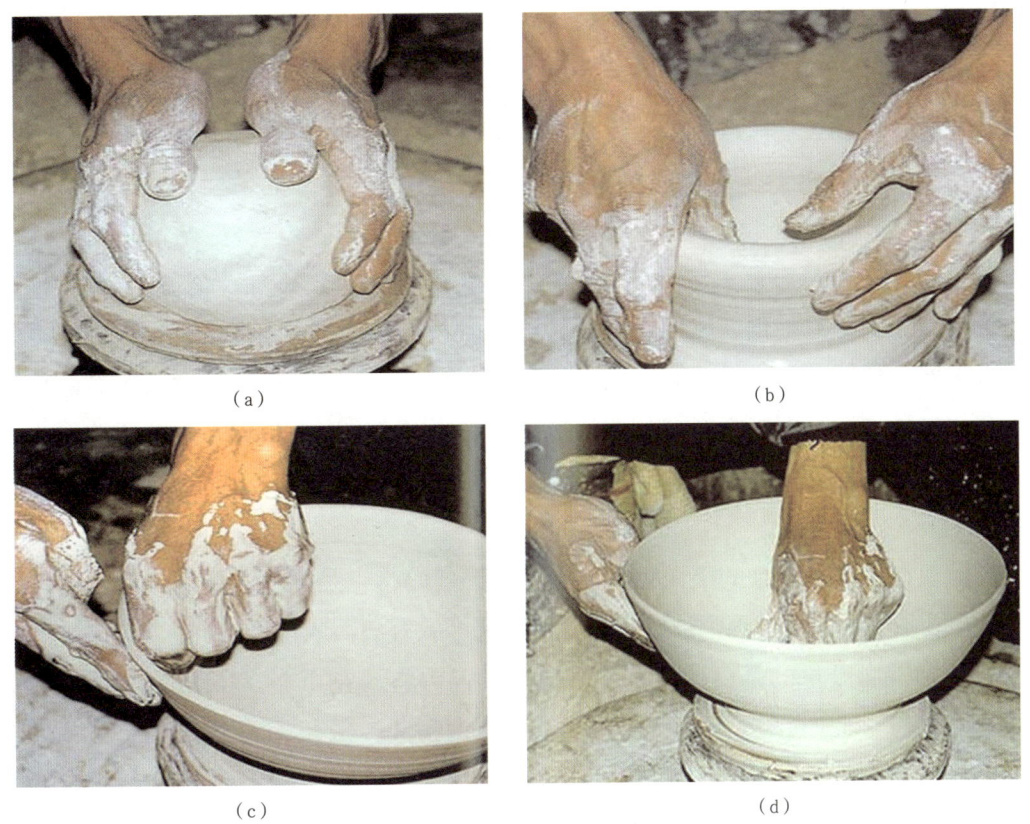

图 5-20 拉坯成型法
(a) 放正泥团;(b) 手工拉坯;(c) 修边;(d) 整形

图 5-21 泥条盘筑成型
(a) 制作泥条;(b) 制作底板;(c) 盘筑泥条;(d) 黏结把手及整形

5.3 陶瓷的装饰

5.3.1 施釉装饰

彩瓷的基本概念应是带有色彩装饰的瓷器。由于中国彩瓷历史悠久，在每一个不同的历史阶段，广大陶工在生产技术上不断地创新，因而彩瓷品种繁多。尤其是明、清两代，景德镇的彩瓷品种可达数十种或上百种。从传统名称来看，有的从工艺方法上定名，有的从所用的彩料定名，有的从器表装饰的颜色定名。这种情况给中国彩瓷的分类带来了一定的困难，以下根据中国彩瓷的工艺方法，简单介绍一下常见的釉下彩、釉上彩、青花加彩、素三彩和色地彩等几类陶瓷产品的特点。

1. 釉下彩

彩色纹饰呈现在瓷器表面釉的下面为釉下彩。釉下彩的特点是彩色画面不暴露于外界，而处于透明釉的覆盖下，既不会在使用过程中被磨损和腐蚀，又不致有沾污或污染的危害。

中国传统的釉下彩最早的是三国和南北朝时期的高温青瓷釉下彩，用黑褐彩绘画神奇人物或排列整齐的彩斑作装饰。此时虽然青釉及彩色的呈色不太精美，但在工艺上是一个创举。其次是唐代长沙窑釉下彩，晚唐、五代越窑的釉下褐彩。长沙窑釉下彩是青黄釉瓷器的表面呈现褐绿色或蓝绿色绘画的山水人物、花卉花鸟纹饰或题写诗句。这一装饰方法对我国古代彩瓷的发展产生了深远的影响。

宋代磁州窑是我国北方民间瓷窑中首先烧制釉下彩的重要瓷窑之一。据考古调查，河北以观台和彭城为中心窑区，以及河南鹤壁窑、禹县扒村窑和登封窑、修武的当阳峪窑，山西介休窑等，都生产釉下黑彩瓷器。器表为白地黑花装饰或釉下黑彩划花、绿釉釉下黑花、白釉釉下酱花等。北方磁州窑系釉下彩的发展为元、明、清景德镇彩绘瓷的发展奠定了基础（见图5-22和图5-23）。

图5-22　釉下彩香炉

图5-23　釉下彩茶具

元、明、清时的青花、釉里红是我国陶瓷发展史上最突出的釉下彩瓷，也是景德镇的传统名瓷。青花瓷在元代达到成熟阶段，明清两代大量烧制。釉里红在元代为初创阶段；明代釉里红传世品极少；清代釉里红烧制技术已很成熟，产量也有所增加。清代釉下彩中还有康熙时期创制的釉里三色、晚清宣统时期的釉下五彩等。

2. 釉上彩

彩色纹饰呈现在瓷器表面釉的上面为釉上彩。釉上彩的特点在装饰上由简单到复杂、彩色由一种到多种，不但色彩鲜艳光亮，同时装饰艺术性更强。

中国传统的釉上彩瓷器，最早是六朝时期的点彩装饰。这种点彩于西晋晚期出现，到东晋时普遍应用。南朝时褐色点彩仍然流行。据考古发现，北朝出现黄釉绿彩、白釉绿彩。这些简单装饰打破了早期青釉瓷器清一色的格调。真正在瓷器的釉面上彩绘图案纹饰，是在宋、金时代北方瓷窑中出现的，如定窑的金彩描花，磁州窑的釉上白地黑花、褐花，山西、河南等地的黑釉铁锈花，金代釉上红绿彩、五彩等。还有南方吉州窑的金彩描花。这些宋、金时期南北方釉上彩绘对后来景德镇彩瓷的大量发展也产生了极大影响。

景德镇窑的彩瓷，除红、黄、绿彩外又出现了金彩、孔雀蓝彩。到了明代景德镇釉上彩开始大发展，从釉上单彩到釉上五彩，极为丰富。釉上单彩中，红彩、绿彩和金彩较为突出。清代釉上彩进一步发展，创造了珐琅彩、粉彩、胭脂彩、墨彩、浅绛彩以及各种颜色釉上加彩等（见图5-24和图5-25）。

图5-24　釉上彩花瓶

图5-25　釉上彩笔筒

3. 青花加彩

青花是我国传统名瓷，为彩瓷中的一个大类，属釉下彩。用青花与其他釉上彩结合的彩瓷极为丰富，如青花金彩、青花红彩、青花绿彩、青花红绿彩、青花五彩、斗彩，青花可与一种到多种色彩相结合装饰瓷器的画面。将这些青花与釉上彩相结合的彩瓷，综合到一起，划为一大类，即青花加彩。概括说，釉下青花与釉上彩绘构成完整的图案或图画，这类彩瓷称为青花加彩（见图5-26和图5-27）。

从明清两代大量传世品看，这类彩瓷非常之多，出现这种彩瓷最早的是明永乐时期的青花金彩，以后又有宣德时期的青花红彩、青花五彩，成化时期的斗彩，弘治、正德时期还有青花绿彩、青花红绿彩，隆庆、嘉靖、万历时期青花五彩、青花紫彩、青花红黄彩等。清代各朝除继续制作以上一些品种外，还出现了釉里红五彩。

4. 素三彩和色地彩

素三彩是指景德镇烧制的一种低温彩釉瓷器。主要特征是器表纹饰不施红彩、显得素净幽雅。我国传统习惯将非红色称为素色，所以"素三彩"是根据我国传统习惯而定名的。一般素三彩瓷器以黄、绿、紫三色多见，有的加施白色、黑色、孔雀蓝色、金色等等。素三彩不一定施三种色彩，在一种器物上凡没有红彩装饰的多色彩瓷都可称素三彩。从传世品看，明代成化、正德、嘉靖、万历几朝皆有出品。清代康熙素三彩最著名，此外还有光绪仿康熙素三彩等（见图5-28）。

图5-26　青花加彩瓷盘

图5-27　青花加彩瓶

图5-28　色地彩装饰瓷盘

图5-29　色地彩装饰瓷器

色地彩是景德镇陶工在制瓷过程中采用灵活多变的装饰手法制作的一种彩瓷，分别以各种不同的色彩为地，再施一种彩为饰，各种色彩互相交错使用形成"一地一彩"的瓷器，如黄地绿彩、绿地紫彩、绿地黄彩、红地黄彩、紫地绿彩等多种色地彩瓷。色地彩瓷亦属低温彩釉瓷器，有的学者将色地彩列入"素三彩"或称"杂彩"。从传世品看，最早色地彩瓷是明代永乐时期出现的黄地绿彩、绿地紫彩。明正德、嘉靖、万历品种繁多，呈现出多彩多姿的色地彩瓷品种。清代各朝继续烧制（见图5-29）。

5.3.2　刻花装饰

刻花装饰是用刀具在胎上刻出花纹，然后上釉烧制。特点是着力较大，雕刻较深，花纹有层次。

宋代北方瓷窑较为流行，现在某些瓷区仍有采用（见图 5-30）。

1. 刻画装饰

在未烧制的作品表面用软铅笔或浅墨汁轻轻勾勒出纹样，然后再坯体表面喷或刷一层清水，以便刻画。选用斜面刻刀，采用半插刀的方法刻画主要纹样，然后再用小斜面刻刀将纹样中的结构和层次细致刻画，刻画装饰完毕后，表面喷一层影青、天青、豆青（注：高温颜色釉）之类的透明釉烧制而成（见图 5-31 和图 5-32）。

2. 剔划装饰

在作品的生坯表面喷或刷一层清水，然后喷或刷一层不流动并与胚体颜色区别较大的底釉。将设计好的纹样用剔刀、刻刀或其他工具剔掉纹样，再用陶针剔刻出结构和细部，被剔掉的部分显现出胚体的本色，剔划完成后入窑烧制而成（见图 5-33 和图 5-34）。

图 5-30　宋磁州窑珍珠地刻花牡丹纹盘

图 5-31　刻画装饰壶

图 5-32　刻画装饰青瓷

5.3.3　其他装饰

1. 贴纹装饰

贴纹是向素坯体上贴加装饰小坯件。通常是将模印或者捏塑出的花件、人物、动物、铺首等用泥浆黏贴在原坯件上，然后上釉入窑焙烧。因此它们是堆砌成的具有立体纹饰的器件。贴纹工艺从汉代开始流行，一直延续到现代（见图 5-35 和图 5-36）。

图 5-33　平定黑釉剔划陶瓷

图 5-34　磁州窑剔划梅瓶

图 5-35　贴纹龙首执壶

图 5-36　贴纹装饰罐

2. 透雕装饰

透雕装饰也称为"镂空装饰"，是现代陶瓷从传统的镂空技法中借鉴而来的一种装饰表现方式。"透雕"既是装饰又是造型，通过装饰体现形态关系。透雕装饰充分利用作品的"内空"特点，采用保留纹样，镂空造型的手法，形成虚实空间并存的雕刻效果（见图 5-37 和图 5-38）。

5.4　陶瓷制品设计案例解析

5.4.1　创意陶瓷作品

该产品由 Patricia Urquiola 设计，设计理念来自于大自然，瓷器的边缘柔柔散开，水波荡漾的凹凸面，配合晶莹亮丽的瓷质效果，韵味独特（见图 5-39）。

图 5-37 镂空雕刻果盘

图 5-38 镂空雕刻艺术瓶

图 5-39 创意陶瓷作品
（设计者：Patricia Urquiola）

5.4.2 丹麦皇家哥本哈根唐草系列陶瓷

唐草艺术图案是丹麦传统文化的一部分，对于全世界的鉴赏家来说，它就是指丹麦瓷器。唐草系列是皇家哥本哈根最早的瓷器餐具，1775 年公司成立时就采用了此款设计，而后它迅速流行起来，从未走出时尚圈。尽管这一造型源自中国，并且被众多国家瓷厂广泛使用，丹麦唐草还是赢得了自己的世界声誉。这归根于丹麦唐草系列图案由特殊训练的绘画家手工绘制，一个唐草盘子需要 1197 笔，这一传统被新一代的陶瓷绘画家延续至今（见图 5-40）。

图 5-40 丹麦皇家哥本哈根唐草系列陶瓷
（设计者：Karen Kjaldgard-Larsen）

5.4.3 Iittala Teema 陶瓷马克杯

Kaj Franck 被喻为芬兰最"清新透彻"的设计师。他以特立独行、近乎于天真的设计风格令人着迷，他喜欢简单的线条以及"单纯"的设计。运用大胆的几何造型搭配 Arabia 百年老厂的高温烧制技术，有陶器的高硬度与抗刮性，保有瓷器出色细腻的光泽，经久耐用，芬兰人也习惯将 Teema 用来作为传家的物品（见图 5-41）。

5.4.4 "TAC1 号"茶具

图 5-42 所示是一套设计精美的艺术品。罗森塔尔公司有自己的设计室。公司在生产一些市场上大量需要的产品的同时，非常注意开发性的设计。

图 5-41 Iittala Teema 陶瓷马克杯
（设计者：Kaj Franck）

这件作品是由著名设计师沃尔特·格罗皮乌斯（Walter Gropius）设计，他灵活应用了立体造型语言，冲破传统的造型习惯，更加注重功能性。压扁的壶体使产品重心降低，视觉印象十分稳定。凌空上翻的壶嘴和壶把手，又在体量空间上创造出一种空灵、轻巧、活泼的感觉。同时，把手的位置使人们改变了以往拿握壶的方式，使用起来更便捷、稳定。而且在注水过程中手指会自然的保护盖子不脱落。整个造型线性简洁明快，没有任何多余的部件。

图 5-42 "TAC1 号"茶具
（设计者：Walter Gropius）

5.4.5 GC 企鹅咖啡具

所谓骨瓷，是于 1794 年由英国人发明的。因在其黏土中加入牛、羊等食草动物骨灰（以牛骨粉为佳）而得名。

保温壶人性化的造型和顺滑的表面，让人联想到穿上彩衣，爱美的小企鹅。瓶盖按压式设计，只需轻用拇指按压，就可单手控制瓶口的开关；外涂层纯银玻璃内胆，对人体无任何伤害，且保温时间长；防侧漏壶嘴，避免滴漏；特殊的表面处理，不易刮花，耐脏，光滑且手感舒适。瓷杯采用高档优质骨质瓷土制成，质白如玉，声翠如馨。因为它白度高、色调柔和，原料处理有其独到之处，具有骨瓷的薄、透、润、细腻，色调一致等特点（见图5-43）。

5.4.6 WAL02SET 骨瓷咖啡杯碟

备受赞誉的建筑师 Will Alsop 和 Federico Grazzini 已经模糊了艺术与设计的界限，这套异常精美的摩卡杯套杯让 Alessi 咖啡杯设计达到全新的水平（见图5-44）。

漂亮的外观设计看起来几乎就像是一个精心折纸，意大利 Alessi 专业的工艺和纤细的骨瓷器造就了雕塑式的精美外观。令人惊喜的是其超常的实用性。设计师们设计了一份小小的惊喜。只要拿起摩卡杯，就会发现杯碟里面藏着一个小容器，可以盛牛奶，奶油，糖块或者一块甜蜜的巧克力。整个套杯不愧是意大利 Alessi 奉献的一份伟大而精致的礼物。

图5-43 GC企鹅咖啡具
（设计者：Erik Bagger）

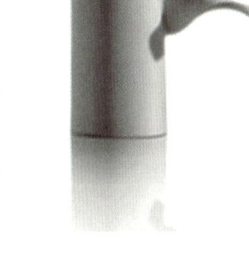

图5-44 WAL02SET骨瓷咖啡杯碟
（设计者：Will Alsop）

5.4.7 Ski Cap Candles

图5-45所示是一个用陶瓷来模仿毛线帽的烛台，名为 Ski Cap Candles，三种样式可供选择，对应不同的熏香蜡烛香型，内附一支可燃烧40小时的蜡烛。造型时尚可爱、使用起来便捷温馨。

图5-45 Ski Cap Candles
（设计者：Anthropologie公司）

5.4.8 创意玫瑰花茶具

图 5-46 所示的产品瓷质相当细腻,色泽亮丽。设计理念来自于玫瑰花,把花瓣一片一片的移开,实际为杯子,茶叶匙,茶叶隔和小食碟的组合。配上茶壶,能为会客中增添亮丽的风景线。

图 5-46 创意玫瑰花茶具
(设计者:Frank Kerdil)

5.4.9 创意陶瓷餐具

图 5-47 所示是一组时尚陶瓷餐具,来自于德国柏林的陶瓷品牌——Hering Berlin,在过去几年中,Hering Berlin 的家居餐具已在世界各地获得良好的声誉,并在 2009 年获得了欧洲产品设计的银奖。日前他们正式在巴黎和法兰克福的玻璃和纺织贸易展览会上首次亮相。

5.4.10 NejiriUme 系列餐具

如图 5-48 所示,Masahiro-Mori 森正洋作品以日常用品为主,是日本生活瓷器的先驱,他的作品以简约、时尚为特色,非常关注生活的情趣。

图 5-47 创意陶瓷餐具
(设计者:Stefanie Hering)

图 5-48 NejiriUme 系列餐具
(设计者:Masahiro-Mori)

作业与思考题

1. 简述陶器、瓷器的概念并分析各自特点。
2. 陶瓷的成型工艺有哪些？分析其异同。
3. 陶瓷的施釉装饰有哪几种？分析各自的特点。
4. 对比陶瓷和塑料产品设计时对加工工艺因素的考量，有什么区别？

第6章

玻璃与加工工艺

6.1 玻璃概述

玻璃，中国古代称之为壁琉璃、琉璃、玻璃，是指熔融物冷却凝固所得到的非晶态无机材料。玻璃是一种透明而坚硬的固体物质，主要成分是二氧化硅。

最初由火山喷出的酸性岩凝固而得，约公元前 3700 年前，古埃及人已制出玻璃装饰品和简单玻璃器皿，当时只有有色玻璃。约公元前 1000 年前，中国制造出无色玻璃。12 世纪，出现了商品玻璃，并开始成为工业材料。18 世纪，为适应研制望远镜的需要，制出光学玻璃；1874 年，比利时首先制出平板玻璃。

1906 年，美国制出平板玻璃引上机，此后，随着玻璃生产的工业化和规模化，各种用途和各种性能的玻璃相继问世。现代，玻璃已成为日常生活、生产和科学技术领域的重要材料。

300 多年前，一艘欧洲腓尼基人的商船，满载着晶体矿物"天然苏打"，航行在地中海沿岸的贝鲁斯河上。由于海水落潮，商船搁浅了。于是船员们纷纷登上沙滩。有的船员还抬来大锅，搬来木柴，并用几块"天然苏打"作为大锅的支架，在沙滩上做起饭来。

船员们吃完饭，潮水开始上涨了。他们正准备收拾一下登船继续航行时，突然有人高喊："大家快来看啊，锅下面的沙地上有一些晶莹明亮、闪闪发光的东西！"

船员们把这些闪烁光芒的东西，带到船上仔细研究起来。他们发现，这些亮晶晶的东西上粘有一些石英砂和融化的天然苏打。原来，这些闪光的东西，是他们做饭时用来做锅的支架的天然苏打，在火焰的作用下，与沙滩上的石英砂发生化学反应而产生的晶体，这就是最早的玻璃。后来腓尼基人把石英砂和天然苏打和在一起，然后用一种特制的炉子熔化，制成玻璃球，使腓尼基人发了一笔大财。

大约在 4 世纪，罗马人开始把玻璃应用在门窗上。到 1291 年，意大利的玻璃制造技术已经非常发达。

"我国的玻璃制造技术决不能泄漏出去，把所有的制造玻璃的工匠都集中在一起生产玻璃！"就这样，意大利的玻璃工匠都被送到一个与世隔绝的孤岛上生产玻璃，他们在一生当中不准离开这座孤岛。

1688年，一名叫纳夫的人发明了制作大块玻璃的工艺，从此，玻璃成了普通的物品。

我们现在使用的玻璃是由石英砂、纯碱、长石及石灰石经高温制成的。熔体在冷却过程中黏度逐渐增大而得的不结晶的固体材料。性脆而透明。有石英玻璃、硅酸盐玻璃、钠钙玻璃、氟化物玻璃、高温玻璃、耐高压玻璃、防紫外线玻璃、防爆玻璃等。通常指硅酸盐玻璃，以石英砂、纯碱、长石及石灰石等为原料，经混合、高温熔融、匀化后，加工成形，再经退火而得。广泛用于建筑、日用、医疗、化学、电子、仪表、核工程等领域（见图6-1和图6-2）。

图6-1　丰富多彩的玻璃制品

图6-2　玻璃包装容器

6.2　玻璃的特性

玻璃的特性是由玻璃的原材料决定的。原材料不同，其特性各异。一般来说，主要特点有以下几个方面。

6.2.1　多样性

玻璃材料具有多样性。不论是性能，还是颜色都非常丰富。多品种、多性能、多色彩的材料特点也形成了多种用途、多种工艺的特色。

6.2.2　稳定性

玻璃的化学性质比较稳定，玻璃有较长的使用寿命，表面光泽，折光美丽。玻璃很硬，虽然脆而易碎但耐腐蚀性好，不易褪色风化。在室温下具有弹性，如表面无裂纹则抗张强度很大。

6.2.3　透明性

玻璃的透明性有不同的表现，有全透明的、半透明的、甚至几乎不透明的，有有色透明和无色透明，有非常纯净的透明，也有充满气泡杂质的透明。透明构成了玻璃作品的神秘、含蓄，透明无瑕的视觉效果给人带来纯洁晶莹的审美感受，也拓展了设计师的想象空间。

6.2.4 可塑性

不同的温度条件下,玻璃表现出不同的可塑性。不同的温度使玻璃的状态由固体到柔化到黏连到融化,使其成型方法有了非常多的可能性。熔融状态下,可使用流、沾、滴、淌、吹、铺、铸等工艺;半固态状态下,可应用捏、拉、缠、绕、剪、压、弯等工艺;在固态状态下,可采用磨、切、琢、钻、雕等工艺。如此,可创造出形形色色、千姿百态的造型。

6.2.5 折光性

因为透明,玻璃对光具有良好的折射特性。光在玻璃中经过透射、折射、反射、吸收等多种途径,将玻璃特有的材质魅力淋漓尽致地体现出来。在特定的环境下,周围的光、色、形共同参与玻璃艺术的呈现,引起千变万化、绚丽夺目的光彩效果。

6.3 玻璃的分类

玻璃的分类方法很多,一般有按照形态分类、按照用途分类、按照成分分类等,在此不做一一详述。下面仅就常用的玻璃按照其形式特点简单分类,以供读者参考。

按照玻璃的形式特点主要分为平板玻璃和深加工玻璃。平板玻璃主要分为3种:即引上法平板玻璃(分有槽/无槽两种)、平拉法平板玻璃和浮法玻璃。浮法玻璃由于厚度均匀、上下表面平整平行,再加上劳动生产率高及利于管理等方面的因素,正成为玻璃制造的主流方式之一,而深加工玻璃则品种众多。下面按设计中常用的品种作简要介绍。

6.3.1 平板玻璃

3~4厘玻璃(mm在日常生活中也称为厘),我们所说的3厘玻璃,就是指厚度3mm的玻璃。这种规格的玻璃主要用于画框表面;5~6厘玻璃,主要用于外墙窗户、门扇等小面积透光造型等;7~9厘玻璃,主要用于室内屏风等较大面积但又有框架保护的造型之中。9~10厘玻璃,可用于室内大面积隔断、栏杆等装修项目。11~12厘玻璃,可用于地弹簧玻璃门和一些活动人流较大的隔断。15厘以上玻璃,一般市面上销售较少,往往需要订货,主要用于较大面积的地弹簧玻璃门和外墙整块玻璃墙面。

6.3.2 深加工玻璃

为达到生产生活中的各种需求,人们对普通平板玻璃进行深加工处理,常用的主要包含以下几种。

1. 钢化玻璃

钢化玻璃是普通平板玻璃经过再加工处理而成一种预应力玻璃。钢化玻璃相对于普通平板玻璃来说,具有以下特征:①钢化玻璃强度是普通玻璃的数倍,抗拉强度是普通玻璃的3倍以上,抗冲击则可达到5倍以上;②钢化玻璃不容易破碎,即使破碎也会以无锐角的颗粒形式碎裂,对人体伤害大大降低;③为提高玻璃的强度,通常使用化学或物理的方法,在玻璃表面形成压应力,玻璃承受外力时首先抵消表层应力，从而提高了承载能力，增强玻璃自身抗风压性，抗寒暑性，抗冲击性等。

钢化后的玻璃不能再进行切割和加工，只能在钢化前就对玻璃进行加工至需要的形状，再进行钢化处理。钢化玻璃强度虽然比普通玻璃强，但是钢化玻璃在温差变化大时有自爆（自己破裂）的可能性，而普通玻璃不存在自爆的可能性。钢化玻璃的表面会存在凹凸不平现象，有轻微的厚度变薄。变薄的原因是因为玻璃在热熔软化后，在经过强风力使其快速冷却，使其玻璃内部晶体间隙变小，压力变大，所以玻璃在钢化后要比在钢化前要薄。一般情况下 4～6mm 玻璃在钢化后变薄 0.2～0.8mm，8～20mm 玻璃在钢化后变薄 0.9～1.8mm。具体变薄程度要根据设备的来决定，这也是钢化玻璃不能做镜面的原因（见图 6-3）。

图 6-3　钢化玻璃茶几及钢化玻璃碎裂后的形态

随着钢化玻璃产品的种类及加工技术的不断更新，其应用范围也随之变的越来越广泛。通常钢化玻璃可以应用建筑、装饰、家具制造、家电制造、电子、仪表、汽车制造、日用制品等行业。

2. 磨砂玻璃

磨砂玻璃又叫毛玻璃、暗玻璃。是用普通平板玻璃经机械磨砂、手工研磨或氢氟酸溶蚀等方法将表面处理成均匀毛面制成。由于表面粗糙，使光线产生漫反射，透光而不透视，它可以使室内光线柔和而不刺目。常用于需要隐蔽的浴室、卫生间的门窗和隔断以及日用制品等。

磨砂玻璃也是在普通平板玻璃上再磨砂加工而成。一般厚度多在 9 厘以下，以 5～6 厘厚度居多（见图 6-4）。

3. 喷砂玻璃

喷砂玻璃性能上与磨砂玻璃相似，不同的是改磨砂为喷砂。由于两者视觉上类同，很多人都把它们混为一谈。喷砂玻璃其实是以水混合金刚砂，高压喷射在玻璃表面，以此对其打磨，在玻璃上加工成水平或凹雕图案的玻璃产品的一种工艺。多应用室内隔断、装饰、屏风、浴室、家具、门窗等处（见图 6-5）。

4. 压花玻璃

压花玻璃又称花纹玻璃或滚花玻璃，是采用压延方法制造的一种平板玻璃。压花玻璃的理化性能基本与普通透明平板玻璃相同，仅在光学上具有透光不透明的特点，可使光线柔和，并具有隐私的屏护作用和一定的装饰效果。压花玻璃适用于建筑的室内间隔，卫生间门窗及有需要阻断视线的各种场合（见图6-6）。

图6-4　磨砂玻璃茶杯

图6-5　喷砂玻璃

5. 夹丝玻璃

夹丝玻璃也称防碎玻璃。它是将普通平板玻璃加热到红热软化状态时，再将预热处理过的铁丝或铁丝网压入玻璃中间而制成。它的特性是防火性优越，可遮挡火焰，高温燃烧时不炸裂，破碎时不会造成碎片伤人。另外还有防盗性能，玻璃割破还有铁丝网阻挡。主要用于屋顶天窗、阳台窗等（见图6-7）。

图6-6　压花玻璃

图6-7　夹丝玻璃

6. 中空玻璃

将两片以上的平板玻璃用铝制空心边框框住，用胶结或焊接密封，中间形成自由空间，并充以干燥空气，具有隔热、隔音、防霜、防结露等优良性能的玻璃。中空玻璃多种性能优越于普通双层玻璃，因此得到了消费者的广泛认可（见图6-8）。

7. 夹层玻璃

夹层玻璃一般由两片普通平板玻璃（也可以是钢化玻璃或其他特殊玻璃）和玻璃之间的有机胶合

层构成。当受到破坏时,碎片仍黏附在胶层上,避免了碎片飞溅对人体的伤害。多用于有安全要求的产品中(见图6-9)。

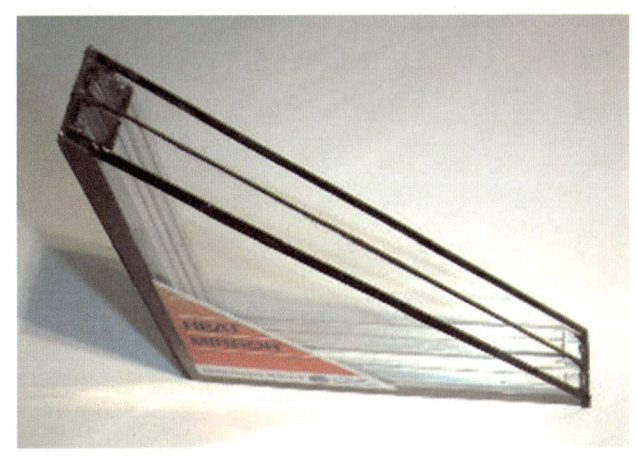

图6-8 中空玻璃

图6-9 夹层玻璃

8. 防弹玻璃

防弹玻璃是由玻璃(或有机玻璃)和优质工程塑料经特殊加工得到的一种复合型材料,通常包括聚碳酸酯纤维层夹在普通玻璃层之中。

防弹玻璃实际上就是夹层玻璃的一种,只是构成的玻璃多采用强度较高的钢化玻璃,而且夹层的数量也相对较多。多应用于银行、汽车或者豪宅等对安全要求非常高的产品中(见图6-10)。

9. 热弯玻璃

热弯玻璃是为了满足现代建筑的高品质需求,由优质玻璃加热弯软化,在模具中成型,再经退火制成的曲面玻璃。热弯玻璃样式美观,线条流畅,它突破了平板玻璃的单一性,使用上更加灵活多样。适用于鱼缸、餐台、阳台、柜台、幕墙等不同形状的特殊要求。同时,可生产中空、夹层等各种复合型热弯玻璃产品,也可按客户的要求量身定做(见图6-11)。

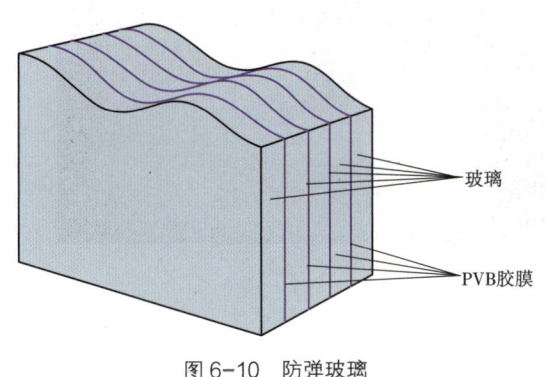

图6-10 防弹玻璃

图6-11 热弯玻璃

10. 其他玻璃

玻璃砖是用透明或颜色玻璃制成的块状、空心的玻璃制品或块状表面施釉的制品。玻璃砖的制作工艺基本和平板玻璃一样,不同的是成型方法。其中间为干燥的空气。一般用于装修高档的场所来营造琳琅满目的氛围,另外,由于玻璃制品所具有的特性,采光及防水功能也非常突出。

LED光电玻璃是一种新型环保节能产品,是LED和玻璃的结合体,既有玻璃的通透性,又有LED

的亮度，广泛适用于各种工程、大型建筑、室内装潢设计、娱乐场所、户外广告展示应用等方面。

　　调光玻璃是一种将液晶膜复合进两层玻璃中间，经高温高压胶合后一体成型的夹层结构的新型特种光电玻璃产品。使用者通过控制电流的通断与否控制玻璃的透明与不透明状态。玻璃本身不仅具有一切安全玻璃的特性，同时又具备控制玻璃透明与否的隐私保护功能，由于液晶膜夹层的特性，调光玻璃还可以作为投影屏幕使用，替代普通幕布，在玻璃上呈现高清画面图像（见图 6-12～图 6-14）。

图 6-12　玻璃砖

图 6-13　LED 光电玻璃

图 6-14　调光玻璃

6.4　玻璃的成型工艺

　　玻璃的成型工艺可分为热加工和冷加工两种。热加工是指将处于液态或者软化可塑态时的玻璃材料通过各种方法成型的工艺，主要有吹制、拉制、模压、压延及自由成型等。冷加工基本是在常温下进行的，主要是利用玻璃固化后的硬度进行切、磨、琢、钻、雕、抛光等形式的处理获得造型和表面肌理。

6.4.1 玻璃的热加工

所有玻璃器成形的热工艺都需要经过熔化、成形和退火三个步骤，这样才能得到最后的成品。

1. 玻璃吹制成型

玻璃吹制一般分为无模自由吹制和模具吹制两种。无模自由吹制时工人手持一条长约1.5m的空心铁管，一端从熔炉中蘸取玻璃液（挑料），一端为吹嘴。挑料后在滚料板（碗）上边吹起边滚匀，形成玻璃料泡，最后从吹管上敲落，冷却成型。而模具吹制则需要先将玻璃黏料压制成雏形块，再将压缩气体吹入热熔融的玻璃型块中，吹胀使之成为中空制品。

图6-15 无模自由吹制

玻璃吹制方法主要用于加工瓶、罐等形状的器皿（见图6-15～图6-17）。

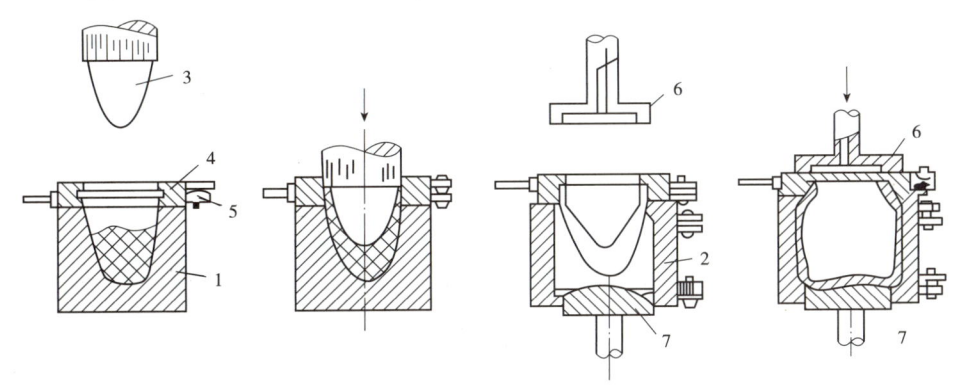

图6-16 模具吹制成型示意图
1-雏形模；2-成型模；3-冲头；4-口模；5-铰链；6-吹气头；7-模底

2. 玻璃拉制成型

玻璃拉制成型是利用机械拉引力将玻璃熔体制成制品的工艺。一般分为垂直拉制和水平拉制。主要用于加工平板玻璃、玻璃管、玻璃纤维等（见图6-18和图6-19）。

3. 玻璃模压成型

模压法是在模具中加入玻璃熔料后加压成型。一般用于容易脱模的造型，模压成形的产品与吹制成形的产品相比，表面的光泽度和透明度较差，难于制造厚度极薄的产品，但是能高效率地成形表面有连续花纹和特殊形状的产品。模压成形后的产品，可再对其表面进行研刻加工。模压法通常用于制造浮雕制品或厚壁、广口空心的器皿制品。这类器皿制品的空腔不能太深，形状要比较简单（见图6-20和图6-21）。

图6-17 吹制成型的玻璃器皿

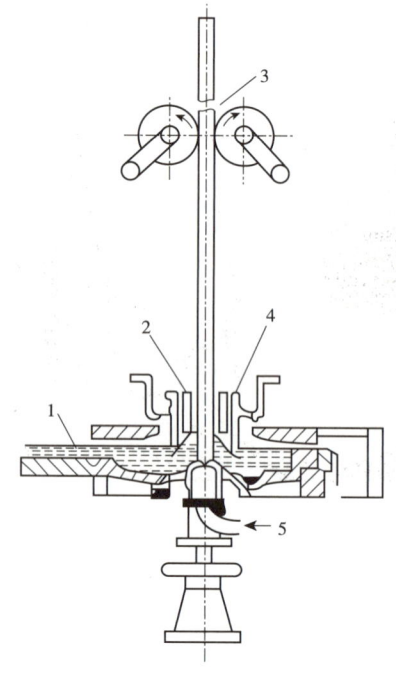

图 6-18 玻璃拉制成型示意图
1-玻璃液；2-冷却器；3-切断；4-料筒；5-低压空气

图 6-19 拉制成型的玻璃管

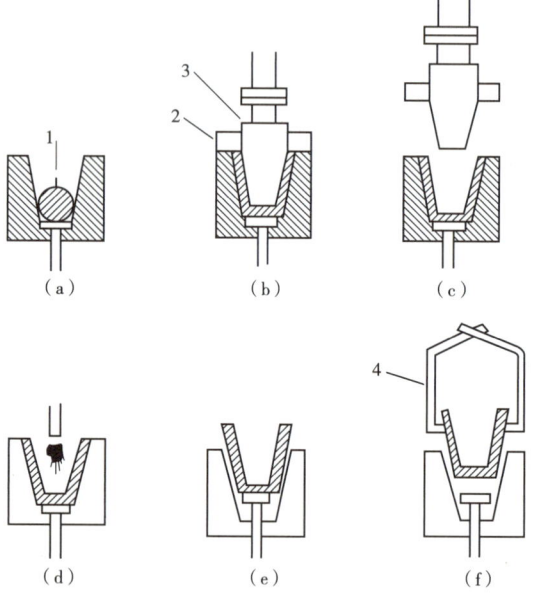

图 6-20 玻璃的模压成型示意图
（a）料滴进模；（b）施压；（c）阳模、口模抬起；（d）冷却；（e）顶起；（f）取出
1-料滴；2-口模；3-阳模；4-成品

图 6-21 模压成型的盘子

4. 玻璃压延成型

玻璃的压延成型是利用金属辊的滚动将玻璃熔融体压制成板状制品。在生产压花玻璃、夹丝玻璃时使用较多（见图 6-22 和图 6-23）。

5. 玻璃自由成型

玻璃的自由成型一般属于无模成形，又称窑制玻璃。自由成形的玻璃制品因为不与模具接触，所以表面非常光滑，富有光泽。操作时仅使用些特制的工具如钳子、剪子、镊子、夹板和样板等，将玻璃体通过勾、拉、捏、按、粘等不同方法巧妙施工，直接制成最终形状。在成形过程中，玻璃常需要多次加热或用多种玻璃结合起来成形（见图6-24）。

图6-22 压延成型的压花玻璃

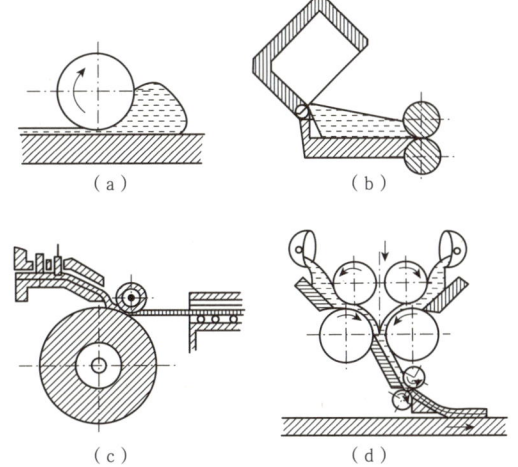

图6-23 玻璃的压延成型示意图
(a)平面压延；(b)辊间压延；(c)连续压延；(d)夹丝压延

6.4.2 玻璃的冷加工

1. 玻璃切割

切割是根据设计的要求，将大块玻璃切割成所需尺寸的大小。现在一般用金刚石锯片等，也有以高压水液进行切割的。

2. 玻璃钻孔

钻孔一般采用研磨钻孔。用金属质的棒体，加上金刚砂磨料浆，通过研磨作用，使玻璃器形成所需要的孔，也有用电磁振荡、超声波、激光和高压液等方法钻孔。

3. 玻璃研磨和抛光

研磨和抛光能使玻璃达到设计所需的几何形状、精确的尺寸和富有光泽、透明的表面。经研磨抛光后的玻璃最具有材料的透明特性。研磨和抛光都是用磨盘和不同的磨料。研磨盘采用硬质合金钢磨盘，而抛光采用柔软质地的抛光盘。研磨料采用石英砂，抛光多采用氧化铁、氧化铈等。

4. 玻璃车刻

车刻是传统的玻璃装饰方法。所谓"车刻"是指在玻璃器表面用小型砂轮以机械方法磨刻出各种花纹图案，形成许多刻面。车刻时利用砂轮的不同形状和磨刻角度，可刻出变化多端的印痕。这种多棱的刻面提高了玻璃的光泽和折光效应，具有很强的装饰效果。

图6-24 窑制玻璃工艺品

5. 玻璃喷砂

喷砂工艺是利用特殊喷嘴中带着研磨料的高压空气流冲击玻璃表面，使其形成磨砂玻璃状图案，也可雕出较深的层次。

喷砂的工艺过程是先将玻璃表面覆盖一层塑胶质防护剂或贴上黏着性塑料薄膜作为保护膜，按图案切除相应的保护膜，使玻璃表面露出，然后进行喷砂，最后掀去保护膜。受到研磨料冲击的玻璃表面呈白色磨砂状，其余部分仍是透明的，有时将此加工工序反复进行多次，使雕刻面分成几层，更具浮雕感。

6. 玻璃雕刻

雕刻是指运用类似玉雕、石雕的工具，在玻璃材料上刻出形状各异的立体造型或者深浅不一的浮雕图案。雕刻需要高超的技能和审美力，能获得极为生动而优美的图形。

7. 玻璃套料雕刻

所谓玻璃套料雕刻是在已有两层或几层套料的玻璃体上按一定的图案雕琢去表层玻璃，露出下层玻璃的颜色，或者磨去不同的厚度得到颜色深浅不同的图案。这种使表层玻璃和底层玻璃相互衬托的玻璃器表面加工工艺，就称为套料法。玻璃套料制品色彩多变、层次丰富、工艺特色鲜明，经常运用在玻璃器皿的设计中。套料雕刻工艺的工具主要是砣轮，有时也用到砂喷枪。

6.5 玻璃制品设计案例解析

6.5.1 眼镜烛台

玻璃在Karim Rashid设计理念里无处不在，玻璃作为最常见的材质，在Karim Rashid精心设计后传达出丰富的涵义，造型的语言表达非常独到，看了他的作品无不叫人拍案叫绝。他设计的产品玻璃瓶，烟灰缸，小而精致，从造型中隐隐能体会生活的艺术，时尚生活在设计的造型里又是另外一种体现（见图6-25）。

6.5.2 玻璃水龙头

图6-26所示为著名设计师James McKelvey的创意作品，奇异玻璃水龙头。这个水龙头不仅是造型丽，它呈现出的奇思妙想，让人敲破脑袋也想不出来它的奥秘。玻璃的自然美融合了绚丽的色彩带给您无与伦比的视觉冲击。自上而下的真空设计，包括管身的棱线都是James McKelvey手工打造的，使用无铅水晶玻璃，让整个水龙头更好清理还能抗菌。这款设计师独具匠心的设计作品，不仅外观好看，而且实用性强。多种高度，颜色的单管，双管型号供您选择，相信能给您的家装带来更大的灵感。

图6-25 眼镜烛台
（设计者：Karim Rashid）

6.5.3 冰块灯

哈里·库斯基宁（Harri Koskinen）对于玻璃可轻盈又可厚实的矛盾特性相当感兴趣，他以冰块灯的设计名闻全球。在玻璃设计方面他有着相当特别的敏锐感觉，他能够利用不同的制造技术展现出玻璃截然不同的风貌。

他被喻为北欧设计经典的"冰块灯"，是人类设计史上的重要作品，展现玻璃工艺、光线变化以及创意的完美融合，在冰块中呈现灯泡的温暖，强烈的对比，让人过目难忘。哈里·库斯基宁因为这个作品一举成名，当时他还只是赫尔辛基艺术设计大学的学生（见图6-27）。

图6-26 玻璃水龙头
（设计者：James McKelvey）

图6-27 冰块灯
（设计者：Harri Koskinen）

6.5.4 醒酒器

Tapio Wirkkala出生于芬兰的Hanko，或许环境因素使然，他在商业作品设计上以多变的天分著名。Tapio Wirkkala擅长的设计类别琳琅满目，从玻璃制品、钞票甚至连绘画图像都有。在他那不算短的职业生涯里，参加过许多国际性的重要展览，并且担任赫尔辛基美术与设计大学的艺术指导多年，同时也赢得许多设计大奖（见图6-28）。

"一生，至少要创造一个经典"，Tapio wirkkala以奇想天外的概念，设计出令人赞叹的"水珠晶球"系列作品，虽然他早已离我们而去，但他毕生提倡的"简约中求变，变化中极简"原则却早已深深影响所有北欧设计者。

6.5.5 吹制的瓶子

Joe Cariati是来自洛杉矶的吹制玻璃设计师，他的玻璃艺术品靠的

图6-28 醒酒器
（设计者：Tapio Wirkkala）

是威尼斯即兴吹制玻璃技术。Joe 当前的创作包括一系列漂亮的酒瓶和一些造型简约、时尚的瓶子（见图 6-29）。

图 6-29　吹制的瓶子
（设计者：Joe Cariati）

6.5.6　微笑的碗

图 6-30 所示为"微笑的碗"的玻璃器皿，是由 Claus Jensen 和 Henrik Holbaek 二位设计师设计。后经丹麦企业 Eva Solo 生产发售。实际上，"微笑的碗"将两个碗融合于一体，外碗和开口的内胆都可以放一些小零食，如糖果、开心果、瓜子等，一个小的设计细节，却使这个产品时尚和实用一举两得。碗的开口被设计成微笑的样子，并且使用了当下最流行的颜色象石灰、橘子、绿松石、红色和黑色（见图 6-30）。

6.5.7　Glass Bathtub

图 6-31 所示产品为全玻璃浴缸，设计师以直线、直角和通透的外观展现出另一番视觉效果。以 15mm 厚度的浮法玻璃制成，其线条黏合处选用了醒目的黑色硅胶，底座则为黑色背板。浴缸边上还加入了多层置物架，达到了另一功能。曾获 2009Elle Decoration 国际设计大奖中的最佳卫浴产品。该系列也备有脸盆和橱柜的设计。

图 6-30　微笑的碗
（设计者：Claus Jensen & Henrik Holbaek）

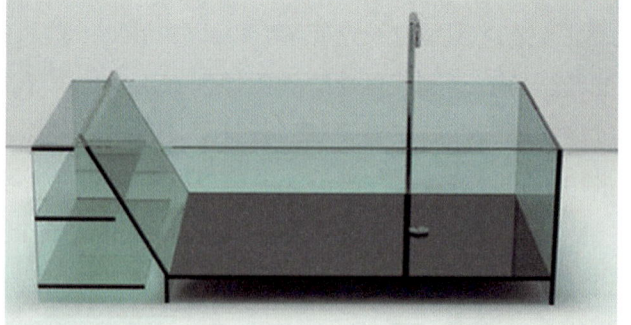

图 6-31　Glass Bathtub
（设计者：Piero Lissoni）

6.5.8　高脚杯

威廉·华根菲尔德（Wilhelm Wagenfeld，1900-1990）出生于德国不莱梅，早年曾在银具厂工作，并接受过艺术教育,1923 年开始在包豪斯就学、任教。作为参与批量生产最有名的德国设计师之一,使工业设计的潜力在更加专业化的生产体系中得到了进一步的发挥(见图 6-32)。

1935 年被聘为劳西兹玻璃公司的艺术指导,他设计的特制的精美玻璃制品使他获得了国际声誉。他主要的作品都是模压成型的玻璃器皿,所有这些产品都没有装饰,而是强调简洁的线条和微妙的体型变化,有克制地探索了玻璃可塑的特征。

图 6-32　高脚杯
(设计者:WilhelmWagenfeld)

6.5.9　玻璃鸟

奥瓦·托伊卡(Qiva Toikka)1931 年出生于芬兰,22 岁时托伊卡进入赫尔辛基工业艺术学院陶瓷系,学习瓷器工艺长达 6 年之久(见图 6-33)。

图 6-33　玻璃鸟
(设计者:Oiva Toikka)

托伊卡最受欢迎的设计作品是玻璃鸟。玻璃鸟的前身是 1972 年诞生的 Flycatcher(鹟,芬兰语名称 Sieppo)。Flycatcher 有两款,一款背上有两只圆乎乎的"V"字形上翘的翅膀,另一款没有翅膀,外形像小哨子。现在的玻璃鸟是自 1981 年起托伊卡每年推出的作品,迄今总数已经超过 400 件。

玻璃鸟完美的线条和精致的颜色展现了艺术品的矜贵,略带卡通的灵活形态却十分亲切。每一只玻璃鸟都有其大自然原型。尽管鸟儿已被极致抽象化,可熟悉这种鸟类的人们还是能根据玻璃鸟瞬间定格的神态和体型一下认出原型。圆润的线条成功捕捉到只有抓拍才能再现的瞬间神态。明明是依赖工匠感性与经验把握的曲线,却有着计算机判断的精准。玻璃仿佛只有光泽一般的轻薄,却支撑着内里的肌肉和血脉。握住玻璃鸟,就像握住真实的信鸽鹰隼,感受它的温暖、弹性和跳动的心脏。

6.5.10　Squeeze 手吹玻璃花瓶

莲安娜·博尔格斯(Lena Bergstrom)因替瑞典玻璃大厂 Orrefors 公司设计的玻璃制品而知名。有趣的是,这位玻璃设计师原本在瑞典艺术工艺与设计大学 Konstfack 念的是织品设计,1993 年跟玻璃大

产品设计材料与工艺

图6-34 Squeeze手吹玻璃花瓶
（设计师：Lena Bergstrom）

厂Orrefors的第一次合作，让她接触到玻璃的美丽世界，即被玻璃创作的空间所吸引，在1994年加入了Orrefors的设计师行列（见图6-34）。

博尔格斯承认她在玻璃设计这一行是新手，但也就是因为这样，给了她更多自由发挥的空间，去尝试以前没有尝试过的东西，发展出她自己的一套设计语言，有造型突出而鲜明，表面光滑的黑色玻璃，也有厚重，充满美感的原色系列。对她来说，"极致的美感与失败的作品只有一线之隔"，正说明了这位屡获大奖肯定的设计师带给Orrefors吹玻璃的师傅们的挑战。

作业与思考题

1. 简述玻璃的特性。
2. 常用的玻璃有哪些？分析各自的特点。
3. 分析玻璃的加工工艺对设计的影响，如何选择合适的玻璃加工工艺？

第7章 新型材料

7.1 新型材料概论

材料是社会进步和人类文明的物质基础与先导。新型材料及其加工技术将对人类的生活水平、国家安全及经济实力起到关键性的作用。进入21世纪，新型材料、信息技术和生物技术并列为新技术革命的重要标志。当前，全世界材料总数约有50万余种之多，而新型材料每年又以5%左右的速度递增。因此，材料的质量、品种和数量就成为衡量一个国家科学技术、国民经济水平和国防力量的重要标志之一。

在未来一段时期内，对新型材料的需求总体上将呈现如下几个重要趋势。

（1）对材料数量和种类的需求在相当长时间内将持续增加。

（2）将更加重视材料的质量、可靠性和成本。

（3）对能源材料、生物材料、环境材料的需求越来越迫切。

（4）在追求更高性能的同时，往往要求材料具有多种功能。

（5）更少依赖资源能源，减少对环境的污染和破坏。

随着科技的进步，新型材料与工艺日新月异、层出不穷。这种变革改变了科学家和科技工作者创造物质的基础，也给设计师提出了活到老、学到老的要求。本章将结合产品设计的特点，简要介绍一些时下新型材料的研究进展情况。

7.2 纳米材料

纳米材料是指在三维空间中至少有一维处于纳米尺度范围（1~100nm）或由它们作为基本单元构成的材料，在这个范围内物质的性质会发生改变，而拥有一种新的、特殊的性能。由于它的尺寸已经接近电子的长度，性质也就发生了很大的变化。并且，其尺度已接近光的波长，加上其具有大表面的特殊效应，因此，其所表现的特性，例如熔点、磁性、光学、导热、导电特性等，往往不同于该物质在整体状态时所表现的性质。

瑞士苏黎世大学研究人员发现，使用表层覆有微小硅丝的聚酯纤维能够制造出即使浸泡在水中仍可保持绝对干燥的布料。这种运用了纳米技术的结构表面覆层会使布料失去和液体的亲和性，即疏水又疏油。当把油或水往这种布上倒，都不会浸湿它，也不会玷污它，具有这样特点的布带有自洁性。如果用这种材料做成衣服，就会防水。这一技术具有多种用途，包括制造更为先进的游泳衣，生产工业布料，甚至还可用来保护室外家具。

从20世纪60年代人们开始关注、研究纳米材料以来，先后研发了纳米磁性材料、纳米陶瓷、纳米半导体、纳米催化材料等，应用也越来越广泛。

可以设想一下，如果把各种有治疗作用的纳米粒子注入到人体各个部位，便可以检查病变和进行治疗，其作用要比传统的打针、吃药的效果好多少？如果采用纳米技术来构筑电子计算机的器件，那么这种未来的计算机将是一种"分子计算机"，其袖珍的程度与今天的计算机作何比较（见图7-1～图7-4）。

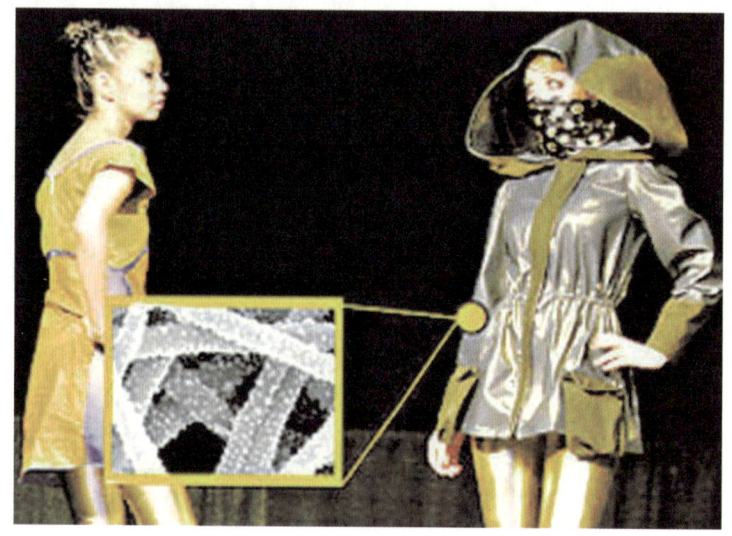

图7-1　见光除污的自洁纤维衣服

图7-2　纳米陶瓷刀具

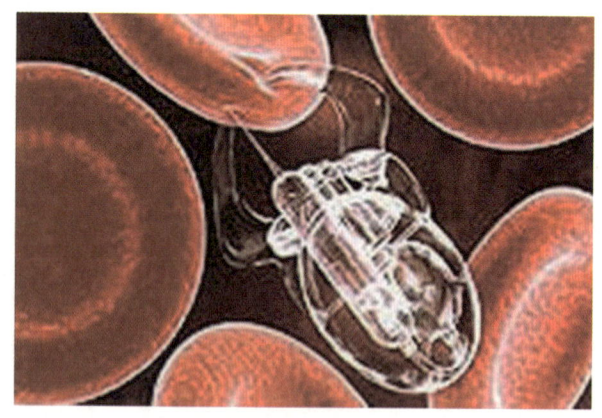

图7-3　纳米机器人

图7-4　纳米材料家具

7.3　人工智能材料

智能材料，是一种能感知外部刺激，能够判断并适当处理且本身可执行的新型功能材料。智能材料是继天然材料、合成高分子材料、人工设计材料之后的第五代材料，是现代高技术新材料发展的重要方向之一，将支撑未来高技术的发展，使传统意义下的功能材料和结构材料之间的界线逐渐消失，实现结构功能化、功能多样化。科学家预言，智能材料的研制和大规模应用将导致材料科学发展的重大革命。一般说来，智能材料有七大功能，即传感功能、反馈功能、信息识别与积累功能、响应功能、自诊断能力、自修复能力和自适应能力。

我们熟悉的变色太阳镜中就含有智能材料。这种智能材料能感知周围的光线强弱，当周围的光很强时，就自行变暗，当光较弱时，就变得透明起来。不远的将来，智能材料将普遍出现在我们的生活之中，如智能服装会自动调节大小、颜色和温度；变形建筑允许主人按一下键就能改变自身的形状；智能窗户会自动调节光线；智能墙壁可以变换颜色等。

在产品设计方面，主要体现为 4 个方面：情趣的智能、处理的智能、适应的智能、交流的智能。除上述几个方面外，智能材料的再一个重要进展标志就是形状记忆合金，或称记忆合金。这种合金在一定温度下成形后，能记住自己的形状。当温度降到一定值（相变温度）以下时，它的形状会发生变化；当温度再升高到相变温度以上时，它又会自动恢复原来的形状。目前记忆合金的基础研究和应用研究已比较成熟。一些国家用记忆合金制成卫星用自展天线。在稍高的温度下焊接成一定形状后，在室温下将其折叠，装在卫星上发射。卫星上天后，由于受到强的日光照射，温度会升高，天线自动展开（见图7-5）。

图 7-5　航天飞机天线

图 7-6 是基于一种稀土磁致伸缩材料的音响，将一个直径为 10cm 的小播放器放在近 20m² 的会议桌上，这个会议桌马上变成了 20m² 的巨大音响，成为"会唱歌"的桌子。

图 7-6　稀土超磁致伸缩材料的音响

7.4　光（热）致变色材料

严格来讲，光（热）致变色材料属于智能材料的一种。变色材料通常是指在外界条件作用下能发生颜色变化的材料，按照所受的刺激方式不同可分为电致变色材料、光致变色材料、压致变色材料、热致变色材料和溶剂致变色材料等。

变色材料目前应用十分广泛，如军事领域上光信息存储材料、光致变色伪装材料、强闪光防护、宇宙线的防护、辐剂量计等方面；民用品如光致变色涂料、光致变色纺织品、光致变色镀膜玻璃或夹层玻璃方面、墙体涂料、建筑物标示等都离不开变色材料。

光致变色简单地说就是光诱导的可逆的颜色改变。它对我们来说并不陌生，太阳镜就是一个很典型的由光致变色材料制成的产品。这种材料在日光或者其他光源照射下，会很快由无色或浅色变成红色、绿色、蓝色、紫色等各种颜色，停止光照或加热又恢复到原来的无色状态，是可逆的变色过程。

这种在光的作用下能够发生可逆颜色变化的材料，称为光致变色材料。有机光致变色材料是近年来国际上刚出现的一类新型功能材料，它不仅已在高科技领域得到应用，而且在民用行业也崭露头角；国外已有少量用于服装、塑料等民用产品，引起了各国企业家的关注和重视。随着有机光致变色材料应用范围的逐步扩大，将形成一个新的产业群，如信息产业、服装业、塑料制品业、装饰材料业，旅游用品、油漆、油墨、印染业、军事隐蔽材料业等等，将会带来极大的经济和社会效益（见图7-7）。

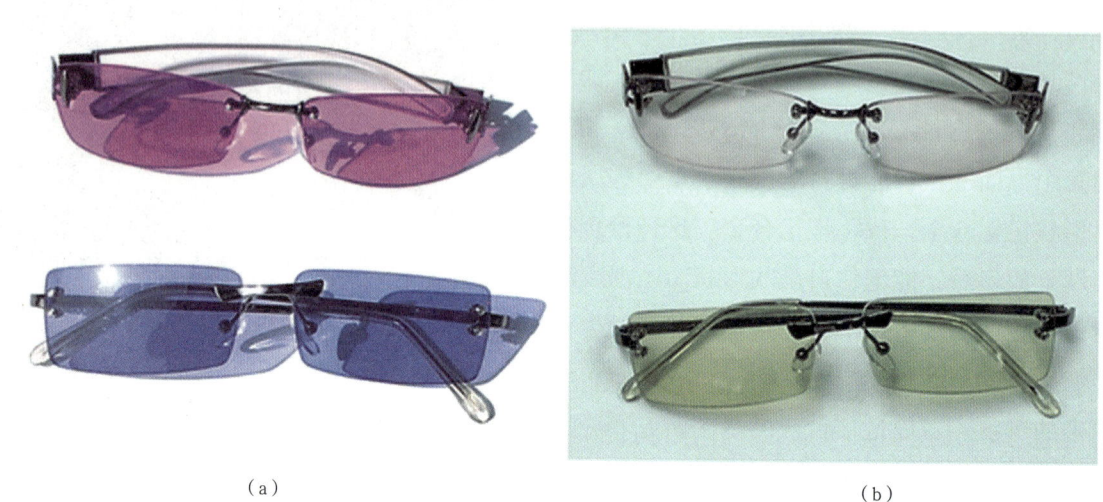

（a） （b）

图 7-7 光致变色眼镜

（a）室外效果；（b）室内效果

7.5 电磁屏蔽材料

随着现代高新技术和电子工业的迅猛发展，电磁波引起的电磁干扰问题日益严重，不但对电子仪器、设备造成干扰与损坏，影响其正常工作，而且也会污染环境，危害人类健康；因此，探索高效的电磁屏蔽材料，成为世界各国关注的重要问题。

1. 铁磁材料与金属良导体材料

铁磁材料和金属良导体材料是常用的屏蔽材料。铁磁材料适用于低频（100kHz以下）磁场的屏蔽，其作用原理是利用铁磁材料高的磁导率引导磁力线通过高穿透材料并在附近空间降低磁通密度而达到磁屏蔽的目的，常用的铁磁材料有纯铁、硅钢、坡莫合金（铁镍合金）等。

2. 表面敷层薄膜屏蔽材料

这类材料是使塑料等绝缘体表面附着一层导电层，从而达到屏蔽目的，属于以反射损耗为主的屏蔽材料。常用的制备方法包括化学镀金、真空喷镀、溅射、金属熔射以及贴金属箔等。这类表层导电薄膜屏蔽材料普遍具有导电性能好、屏蔽效果明显等优点，其缺点是表层导电薄膜附着力不高，容易产生剥离，二次加工性能较差。

3. 填充复合型屏蔽材料

填充复合型屏蔽材料是采用导电填料与塑料等成型材料填充复合而成的。导电填料一般选用导电性能优良的纤维状、网状、树枝状或片状材料，常用的有金属纤维、碳纤维、镀金属纤维、超细炭黑、云母片、金属片、金属合金粉等。

4. 导电涂料类屏蔽材料

导电涂料是一种功能性涂料。目前的导电涂料主要是掺和型导电涂料，它一般以各种合成树脂为成膜剂，以具有良好导电性能的金属微粉或非金属微粒为导电填料，经混合分散后，制成可施工的涂料，喷涂或刷涂于产品表面，在一定条件下固化成膜。

其他一些屏蔽材料也在研究之中，如发泡金属屏蔽材料，它是由金属骨架和连通的空洞组成的多孔材料，主要使用的发泡金属有金属镍、镍铜和铝等，其原理是电磁波在空洞中发生多次反射和吸收损耗，从而达到屏蔽的目的。还有纳米屏蔽材料，借助纳米材料特殊的表面效应和体积效应，与其他材料复合也可望获得新型的屏蔽材料。另外还有本征导电高分子材料，它依靠高分子材料本身良好的导电性达到电磁屏蔽的目的。它们的发展前景还有待进一步的观察（见图7-8）。

图7-8 军用电磁屏蔽帐篷

7.6 电子纸

电子纸是一种在保持纸张优点（像纸一样薄、像印刷品一样的可阅读性等）的同时可保存或者消除电子信息的显示系统。电子纸又称数码纸、类纸显示器。电子纸完全打破了原有植物纤维纸的结构，又具有与传统纸张相似特点。电子纸显示技术是具有与纸张一样轻薄、又可擦写的电子显示技术，具有双稳态特点，图像保持时并不需耗电，能大大节省能源。所以从某种意义上讲，电子纸是古代的纸形与现代高新技术结合的延伸、进步和发展，也是现代电子化社会的一种新型纸张（见图7-9）。

电子纸是内部装有芯片线路的显示屏，类似一种IC（集成电路）芯的结构。电子纸采用的基本材料主要是聚酯类化合物，纸面上印有硅胶电路，以便能够控制好表面电荷的变化。电子纸具有多层性、细微化和精密型等特征，所采用的材料除了多种塑料外，也有特种玻璃材料、金属材料等。

图7-9 LG公司生产的电子纸产品

7.7 轻金属"家族"

7.7.1 快速凝固新型铝合金

快速凝固条件下，材料的组织特征发生许多变化，由于快速凝固合金微观组织的改善使合金的强韧性、耐磨、耐腐蚀等得到显著提高，从而更好地满足了实际生产需要。随着快速凝同技术的不断发展与完善，国内外已成功利用该技术制备出耐热铝合金、耐磨铝硅合金、高强度铝合金及低密度铝锂合金等系列典型的高性能铝合金材料。

耐磨铝硅合金具有优异耐磨性，低热膨胀系数及优良铸造和焊接性能。是国内外应用非常广泛的内燃机活塞合金。

快速凝固高强度铝合金具有密度低、强度高、热加工性能好等优点，是航空航天领域的主要结构材料之一。

总之，采用快速凝固技术可明显提高铝合金的比强度、弹性模量、热稳定性、抗腐蚀性及断裂韧性，因此快速凝固铝合金在航空航天及机械工程领域中的应用受到人们的高度重视并目不断发展、扩大。

7.7.2 飞行金属——铝锂合金

铝锂（Al-Li）合金是一种具有低密度、高弹性模量、高比强度和高比刚度等优良性能的新型铝合金材料。在铝中每加入1%的锂，可使合金密度减小3%，弹性模量提高6%。用铝锂合金代替常规铝合金，可使构件质量减轻15%，刚度提高15%，此种合金还具有极优良的耐蚀性能，是一种理想的航空、航天结构材料。这种合金的不足之处是塑性与韧性较低，缺口敏感性较大，断裂韧度值较低，当Li的含量大于27%时还容易产生严重偏析（见图7-10）。

图7-10 C919客机铝锂合金机身

7.7.3 绿色最轻质金属材料——镁合金

在自然界中镁是地壳中分布较广的元素之一，占地壳质量的2.1%，其大多以化合物的形态存在，盐湖和海水中也曾有大量的镁。镁及镁合金越来越受到人们的青睐，应用也越来越广泛，从航空航天到日常生活用品，无处不见其踪影。可以说镁是继钢铁、铝之后的第三大金属工程材料，被称为21世纪绿色工程材料。

（1）镁及其合金的重量轻。镁的密度只有铝的2/3、钛的2/5、钢的1/4，镁合金比铝合金轻36%、比锌合金轻73%、比钢轻77%。镁的这一特点被广泛应用在航空航天、汽车制造等领域来减轻重量。

(2)比强度高。具有一定承载能力。镁合金的比强度次于钛合金,但明显高于铝合金,且远远高于工程塑料。

(3)弹性模量小。镁合金的弹性模量小,当受到外力作用时,应力分布将更为均匀,可以避免过高的应力集中。在弹性范围内承受冲击载荷时,所吸收的能量比铝高50%左右。刚性好,抗震力强,长期使用不易变形,尺寸稳定。

因此镁合金适宜制造承受猛烈冲击的零部件及对材料尺寸稳定性要求较高的零部件,如飞行器。

(4)抗电磁干扰。与塑料相比,镁合金的电磁屏蔽性能非常优异,镁合金电子器件壳体不做表面处理就能获得很好的屏蔽效果。目前,镁合金已广泛用于移动电话等电子产品上。而镁合金不仅具有防电磁波功能,而且具有抗压、耐冲击的性能。研究表明,镁合金做手机外壳可以吸收90%的辐射。这在强调环保的今天显得格外重要。因而,镁及其合金是制造电子器件壳体的理想材料,在电子及家用电器产品上具有广阔的应用前景。

此外,还具有减震性能强;加工性能好;导热性能好等优点。

7.8 可降解的高分子材料

由于高分子材料的不可降解性,导致了环境污染的加剧。"白色污染"物严重污染环境,已成为废弃物处理中的一个世界性棘手难题。例如,曾给农业生产带来福音的"白色革命"在极大地促进我国农业生产发展的同时,也给我国的生态环境造成了极大的"白色污染"。农膜主要以化纤为原料,其主要成分是聚丙烯、聚氯乙烯以及聚乙烯,可在田间残留几百年不降解。不降解的碎膜逐年累积于土壤耕层造成土壤板结,通透性变差、植物根系生长受阻,导致作物减产,有些作物减产幅度达到20%以上,并且这一情况正在进一步恶化。由此产生的环保负面效应已引起社会各界的关注和忧虑。

塑料废弃物虽可采取回收再生办法,但在很多情况下,废旧高分子材料的回收十分困难。有些高分子材料的回收再生成本甚至大大高于制造成本。因此人们开始重视开发一种新型的绿色高分子材料,即改善生态环境的可降解聚合物材料(见图7-11和图7-12)。

图7-11 可降解的塑料花盆

图7-12 可降解一次性餐盒

降解塑料是指一类其制品的各项性能可满足使用要求，在保存和使用期内性能不变，但在使用期后，却能在自然环境条件下降解成对环境无害物质的塑料。降解塑料的用途主要有以下几个方面。

（1）农林渔业地膜、保水材料、育苗钵、苗床、绳网、渔网、钓鱼丝、鱼饵容器、农药和农肥缓释材料。

（2）包装业购物袋、垃圾袋、堆肥袋、肥料袋、一次性餐盒、方便面碗、化妆品容器、瓶类、标签、包装薄膜、发泡片材、缓冲包装材料。

（3）日用杂货一次性餐具（刀、叉、筷、盘、碗）、玩具、一次性圆珠笔、各种卡片、盖、罩、一次性手套、一次性桌布。

（4）卫生用品妇女卫生用品、婴儿尿布、医用褥垫、刮胡刀、一次性牙刷。

（5）体育用品高尔夫球场球钉和球座。

（6）医药用材绷带、夹子、棉籤用小棒、外科用脱脂棉、手套、药物缓释材料以及手术缝合线和骨折固定材料（后三种用途主要为生体降解材料）。

7.9 新型工程陶瓷材料

工程陶瓷材料与金属材料相比，其耐高温、耐腐蚀、硬度高、弹性模量高、耐磨损、抗热震、不易氧化，是良好的高温结构材料。工程陶瓷材料在许多场合逐渐取代昂贵的合金钢或被应用到金属材料根本无法胜任的场合，如发动机汽缸套、轴瓦、密封圈、陶瓷切削刀具等。工程陶瓷可分为2大类：氧化物陶瓷与非氧化物陶瓷。

7.9.1 氧化物陶瓷

氧化物陶瓷主要包括氧化铝陶瓷、氧化镁陶瓷、氧化铍陶瓷、氧化锆陶瓷、氧化锡陶瓷、二氧化硅陶瓷等。

氧化铝陶瓷是指氧化铝含量在95%以上的氧化铝陶瓷，又称刚玉瓷。其硬度仅次于金刚石、立方氮化硼、碳化硼、碳化硅，居第五位。氧化铝陶瓷用于制造高速切削刀具时胜过硬质合金，还可做拉丝模、人造宝石、量具测量部分的镶块、内燃机火花塞、高温炉零件、生产合成纤维的出丝嘴、导丝器，致密度高的可做真空陶瓷，多孔的可做绝热材料。刚玉陶瓷也是重要的坩埚制料。总之，它广泛用于制备耐磨、抗蚀、绝缘和耐高温材料。

氧化锆与氧化铝一样具有优异的室温力学性能，高硬度和耐化学腐蚀性。其主要缺点是在1000℃以上高温蠕变速率高，力学性能显著降低。氧化铝、氧化锆陶瓷主要应用于陶瓷切削刀具、陶瓷磨球、高温炉管、密封圈和玻璃熔化池内衬等。

氧化镁属于弱碱性物质，几乎不被碱性物质侵蚀，对碱性金属熔渣有较强的抗侵蚀能力。因此，氧化镁陶瓷可用作熔炼金属的坩埚、浇注金属模子、高温热电偶的保护套以及高温炉的炉衬材料。

7.9.2 非氧化物陶瓷

高温非氧化物结构陶瓷，包括氮化物、碳化物、硅化物、硼化物等。其中有发展前途的是氮化硅、碳化硅和氮化硼等材料。与氧化物比较，非氧化物的热导率比较高，热膨胀系数较低，因此具有良好的抗热振性。

碳化物陶瓷包括碳化硅、碳化硼、碳化钛、碳化钨、碳化钒，特点是具有很高的熔点、硬度（近于金刚石）和耐磨性，缺点是耐高温氧化能力较差、脆性大。

氮化物陶瓷的种类很多，其中比较重要的有氮化硅陶瓷、氮化铝陶瓷、氮化硼陶瓷、氧化钛陶瓷和塞隆陶瓷。氮化硅陶瓷具有很高的硬度，有自润滑作用，其摩擦系数小，耐磨性好，抗氧化能力强，抗热震性大大高于其他陶瓷。它具有优良的化学稳定性，能耐除氢氟酸以外的其他酸和碱性溶液的腐蚀。它还具有优良的绝缘性能及低的热膨胀性。

7.10 超导材料

超导电性（简称超导）是指某些材料被冷却到一定温度下，电流通过时这些材料出现零电阻，失去电阻的现象，同时材料内部失去磁通成为完全抗磁性的物质。相应地，具有超导电性的材料称为超导材料。超导材料在电阻消失前的状态称为常导状态，电阻消失后的状态称为超导状态。

超导材料的突破性进展，将促进超导技术的突飞猛进，预示着一个崭新的电气化时代的到来。实际上，超导技术的应用遍及能源、运输、基础科学、资源、信息和医疗等科学技术的广泛领域。如高温超导碰体在磁悬浮列车、磁分离技术、高能加速器、磁性扫雷技术和磁流体推动技术等方面有重要的应用价值；还可以超导储能、超导输电等。

作业与思考题

1. 结合自己的所见所闻，举例说明新型材料在产品设计中的应用。
2. 简述新型材料的工程化应用前景。
3. 试一试：充分利用网络、图书资料等信息资源，查阅并下载关于新型陶瓷材料的发展及应用方面的文献，并加以研读。

第8章 Chapter8

产品设计材料与工艺实训

8.1 产品设计材料与工艺教学思路

在产品开发过程中，材料、工艺、零配件等要素和设计是密切相关的。材料与工艺及零配件是产品设计的物质技术条件，是基础和前提。设计通过材料及工艺转化为实体产品，材料及工艺通过设计实现其自身的价值。

任何一个造型活动，只有与选用材料的性能特点及其加工工艺性能一致，零配件能达到结构要求，才能实现最终目的。

教学中，只有让学生先认识材料，了解材料的物理性能及加工特点，了解零配件的结构及性能，才能使其更好地应用材料、选择更优的加工方法，选择更牢固的结构件。

从图8-1可以看出，一个优秀的产品设计师，只有熟悉、了解材料才有可能在未来创造更加好的新工艺，甚至研发新的材料用于新产品开发中。同时，每一种新材料、新工艺的出现都会为设计实施的可行性创造条件，并对设计提出更高的要求，给设计带来新的飞跃，出现新的风格，产生新的功能、新的结构和新的形态，这也是市场对设计师的期待。

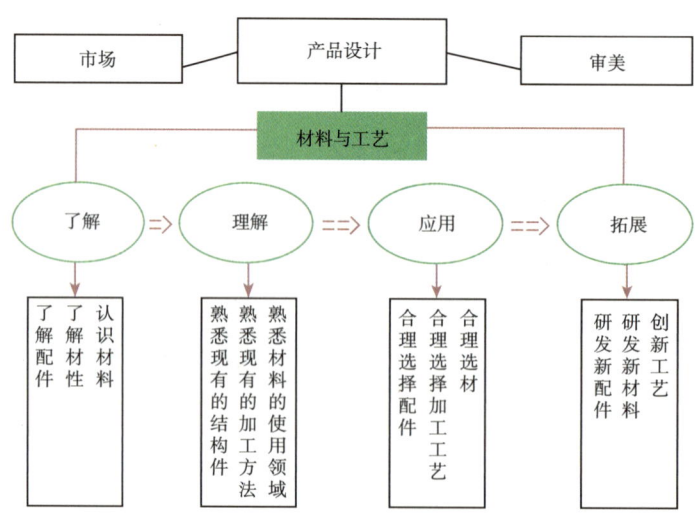

图8-1 产品材料与工艺教学思路

8.2 产品设计材料与工艺实训设置与安排

8.2.1 实训环节设置的目的

产品材料与工艺课程内容涵盖面广，涉及的工艺技术性较深。受课时的限制，教师不可能在课程中把所有知识都完整地传授给学生，大多只能按照材料的分类模块泛泛而谈。

要学好产品材料与工艺不仅取决于对相关知识的记忆，更重要的是如何综合选择、应用材料。让学生照搬书本内容解答问题，难以取得积极的教学效果。

随着新材料、新工艺不断涌现，书本的相关内容永远落后于现实生产。所以，引导学生多看、多记、多想、多用，才能使学生结合课堂理论知识，触类旁通，举一反三，有目的、有方向地学习、查阅相关材料的最新知识。

在产品材料与工艺课程中设置实训环节，将能使学生结合课堂内容，认真查阅资料，仔细阅读课本，加深对材料的认识和了解。从而把"被动接受"变为"主动吸收"，并可以通过实训，根据学生的设计方案，教师有针对性的分析具体的结构、工艺和加工技术。

8.2.2 实训环节设置的要求

一般实训环节可以在开课后不久布置，这样便于学生充分利用课余时间，保证实训环节的合理进度。

实训环节以综合设计性训练为主，强调材料的选择与应用，重点培养学生的动手能力及对材料基本特性的了解。可以分组进行，强调团队合作；提倡表现手法的多样性（即教师不界定学生用什么软件、什么方法来表现最终结果），一方面，可以培养学生的综合能力；另一方面，不会因为表现能力不足而导致随意修改设计方案。比如：有些学生因为软件表现能力较差而把方案中必要的结构或者材料删除或替换。

8.2.3 实训环节设置的类型

实训环节的题目可以根据具体情况设定，一般分为三类：限制材料的设计、限制产品的设计和限制主题的设计。其训练重点及相关建议如表8-1所示。

表8-1　　训练重点及相关建议

项目	训练重点	作业形式建议	评价标准及分值建议
限制材料的设计	对材料材性、工艺的认知	读书报告	（1）文献资料的查阅、综述能力（20%）； （2）设计方案中材料工艺的选择（40%）； （3）设计方案的创新性（30%）； （4）其他（10%）
限制产品的设计	对产品结构的认知及测量能力	产品分析报告	（1）产品分析报告的撰写能力（20%）； （2）产品拆装、测量能力（50%）； （3）设计方案的创新性（20%）； （4）其他（10%）

续表

项 目	训练重点	作业形式建议	评价标准及分值建议
限制主题的设计	创新能力、发散思维能力	设计报告	（1）主题的分析与解读能力（10%）； （2）材料及工艺的选择（40%）； （3）设计方案的创新性（40%）； （4）其他（10%）

注 1. 提交的报告需包含新设计的产品。
　　2. 教师只需提出报告的基本框架，不必细化，提倡学生以各种形式表现。

1. 限制材料的设计

限制材料的设计即教师限制好所使用的材料，题目可以学生自拟。如只能用木材设计某个产品等。这类作业一般是在教师讲述某一类材料之后布置。其作用主要有以下两点。

（1）通过作业使教师了解学生对该类材料的熟悉情况，便于把握重点。

（2）通过作业使学生加深对某类材料性能、工艺等的理解。为完成作业，学生必须查阅许多相关资料，对于碰到的疑难问题，教师可以有针对性的讲述。

2. 限制产品的设计

限制产品的设计即教师限定好某个产品，学生可以自选材料。这类作业最好结合产品拆装、测量实验进行，所设计产品也最好是学生熟悉的、容易得到的产品，如设计一个电吹风。

教学过程中，发现很多学生对基本的电、磁等知识了解不够，比如拆卸一台洗衣机的过程中，绝大多数学生面对一捆五颜六色的电线竟然无从下手，教师可以通过学生的产品拆装实验，传授这些知识，使其不再惧怕、回避这些产品设计过程中不得不面对的问题。其次，很多学生对数据没有明晰的概念，尤其是艺术类学生，设计过程中过分依赖于创意，缺乏对结构、数据等理性的分析。通过测量，能有效提升学生对这类知识的重视程度。

3. 限制主题的设计

限制主题的设计是教师讲一个小故事或者某个场景，由学生根据自己的理解，提出设计方向。产品、材料、工艺等设计要素都不界定，由学生自己选择。如结合新农村建设，探索农村公共健身设施的设计。在讨论过程中，学生肯定会提出"为何现有农村公共健身设施与城市公共健身设施一样？""为何农民会在公共健身设施上晒衣服、被子？"等一系列有趣的问题，通过细致分析，就能找到很多现有设计的不足，从而提出更优的设计改良方向。

这类作业能很好强化学生的创造性思维能力，以一个负责任的设计师的视角审视社会生活中的各种现象或者问题。

8.3　产品设计材料与工艺实训案例

学生提交的读书报告、产品分析报告或设计报告文本较长，受篇幅限制，在此只简单罗列主要内容，以供参考。

8.3.1　限制材料的设计

每组4人，设计一款场景玩具，限定主要材料为木材。

1. 场景玩具的相关概念

所谓场景玩具,就是以各种单体构件所搭建的场景,这个场景里包括了:人物活动和背景等。整个场景由一个较完整的主题来支配所有组成部分的存在(见图 8-2)。

木材的基本知识见第 4 章,这里不再赘述。

下面以两组学生作业作对比,甲组成员:李冰、王露、陈哲、赵皆佳等,以停车场为中心而延伸的场景玩具。乙组成员:黄国晓、陈蔚、曲云鹏、赵文霞等,以小城故事为中心而延伸的场景玩具。

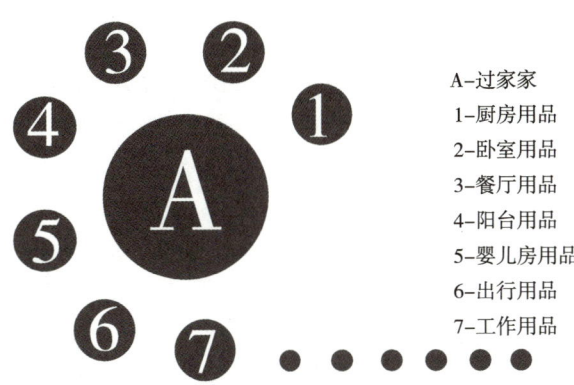

图 8-2 场景玩具延伸示意图(过家家场景)

2. 概念的提取与优化

(1)甲组(停车场)的概念提取过程。

该组学生通过如图 8-3 的优化过程,从初始方案到最终效果图。当发现前期方案可能出现夹手指结构后,对其进行了修改;大致造型确认后,又对结构进行了设计,这种卡槽式结构非常适合 CNC 加工、适合批量生产,并且能尽量减少使用其他连接件,方便儿童的使用。

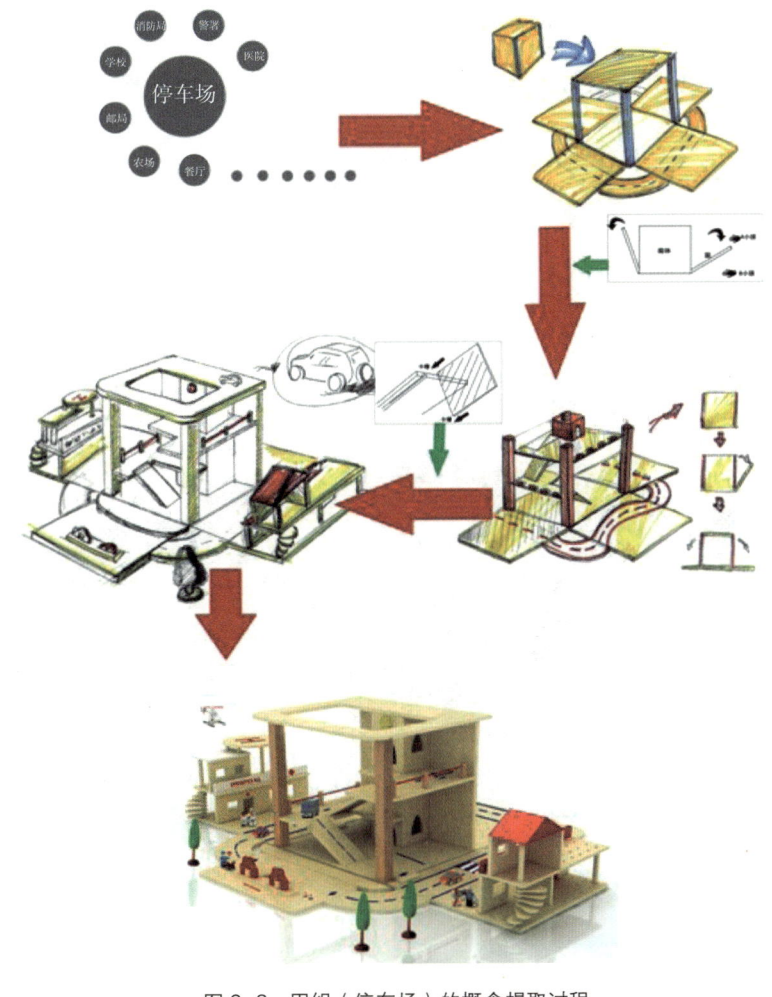

图 8-3 甲组(停车场)的概念提取过程

（2）乙组（小城故事）的概念提取过程。

从图8-4可以看出，该组学生花了大量精力在零部件的统一上，从最初的1个场景35个不同规格的零部件，到优化后的12个零部件，取得了非常大的进步，但不可否认，该组方案还有很大的完善空间，比如丝印的菲林稿过多，小零件过多等。

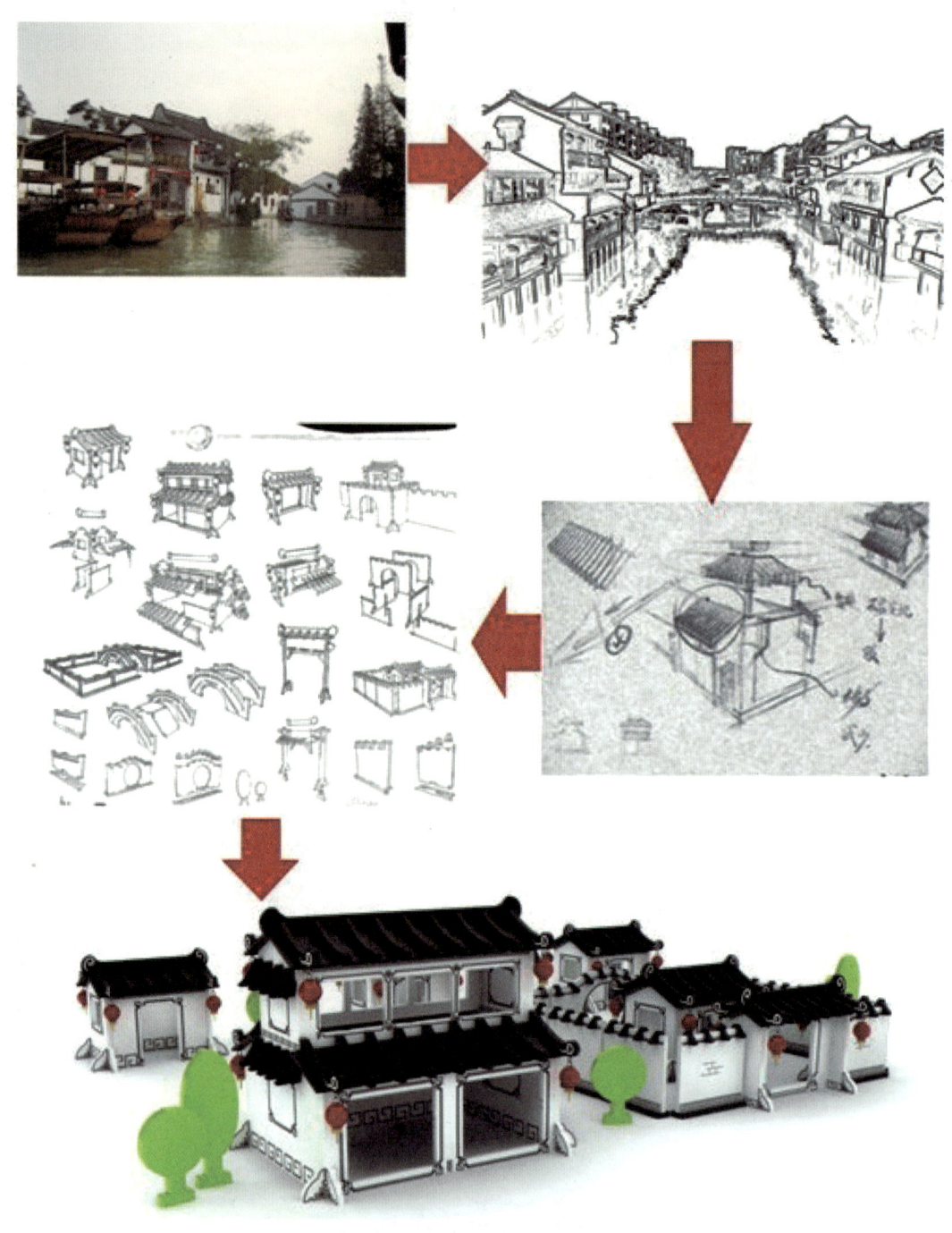

图8-4　乙组（小城故事）的概念提取过程

3. 设计到产品的转化

设计方案确定以后，下一步就是设计过程到生产过程的转换，也即设计到产品的转化，在此过程中，主要包含以下几个步骤：材料的选择与界定，配件的选择，加工图纸的绘制，样品的制作及检测等。

(1)材料的选择与界定。

通过表8-2可以看出,在材料的选择与界定过程中,甲、乙两组学生不约而同地都选择了俄罗斯进口的夹板,主要原因是设计的玩具产品定向消售到欧洲,其空气湿度与俄罗斯相似,为避免环境变化而造成产品的变形及油漆脱落。其次,基于夹板的不易翘曲、变形、开裂;质地匀称,表面纹理细腻等优点,能确保玩具的品质。

表8-2　　　　　　　　　　　　　　　　材料的选择与界定

项目 分组	选材	样本	色彩
甲组	进口俄罗斯8mm夹板		原木色,清漆涂饰
甲组	柱子和栏杆部分用榉木		原木色,清漆涂饰
乙组	进口俄罗斯6mm夹板		黑瓦白墙
乙组	进口俄罗斯3mm夹板		黑瓦白墙

(2)加工图纸的绘制。

木制玩具制图因没有国内统一的标准,企业生产过程中一般参照板式家具的GB/T1.1—2000和GB/T1.2—2000标准,也有个别企业有自己的要求及规范。图8-5为甲组学生绘制的加工图纸样图,图8-6为乙组学生绘制的加工图纸样图。

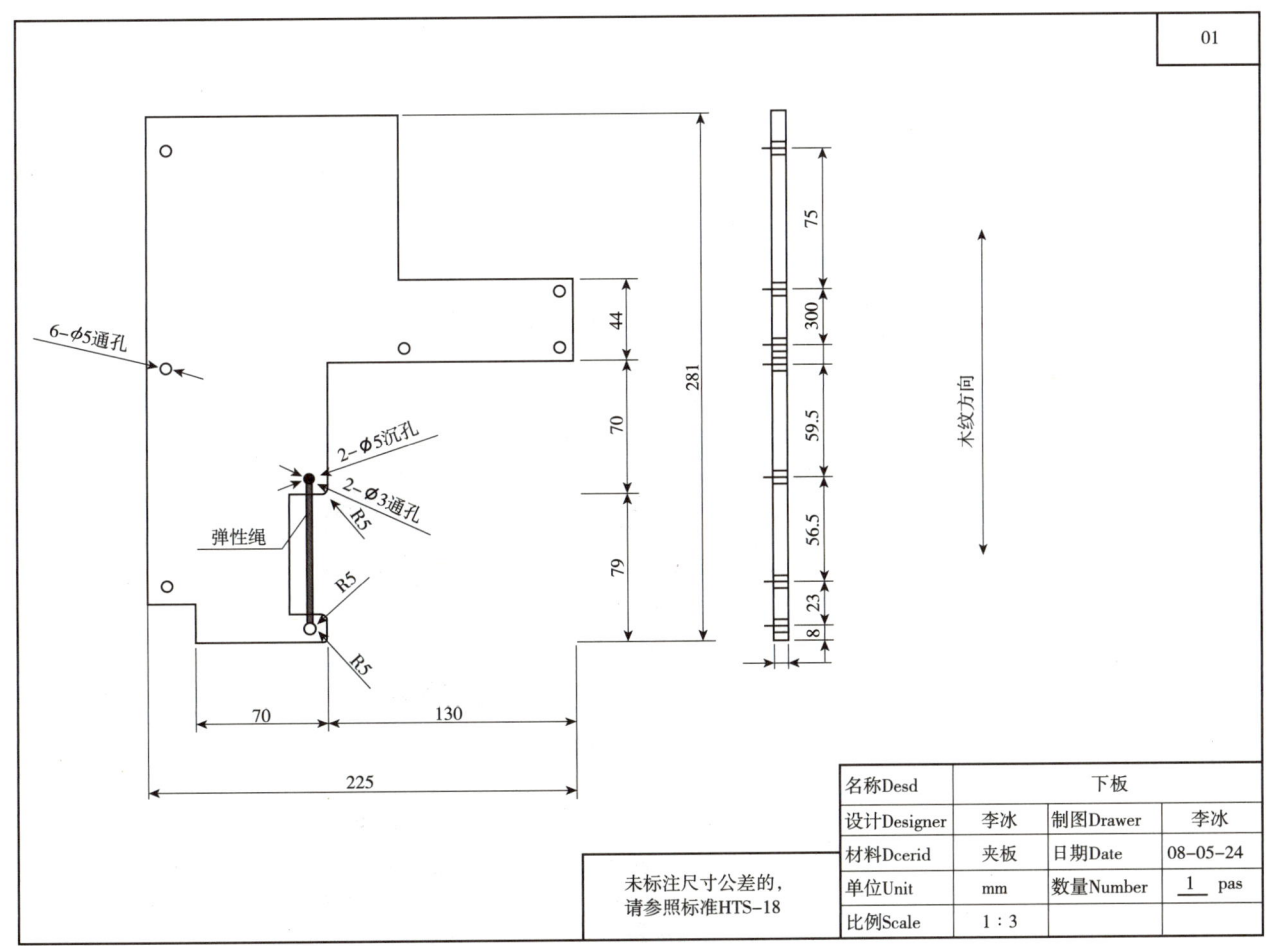

图8-5　甲组加工图纸样图

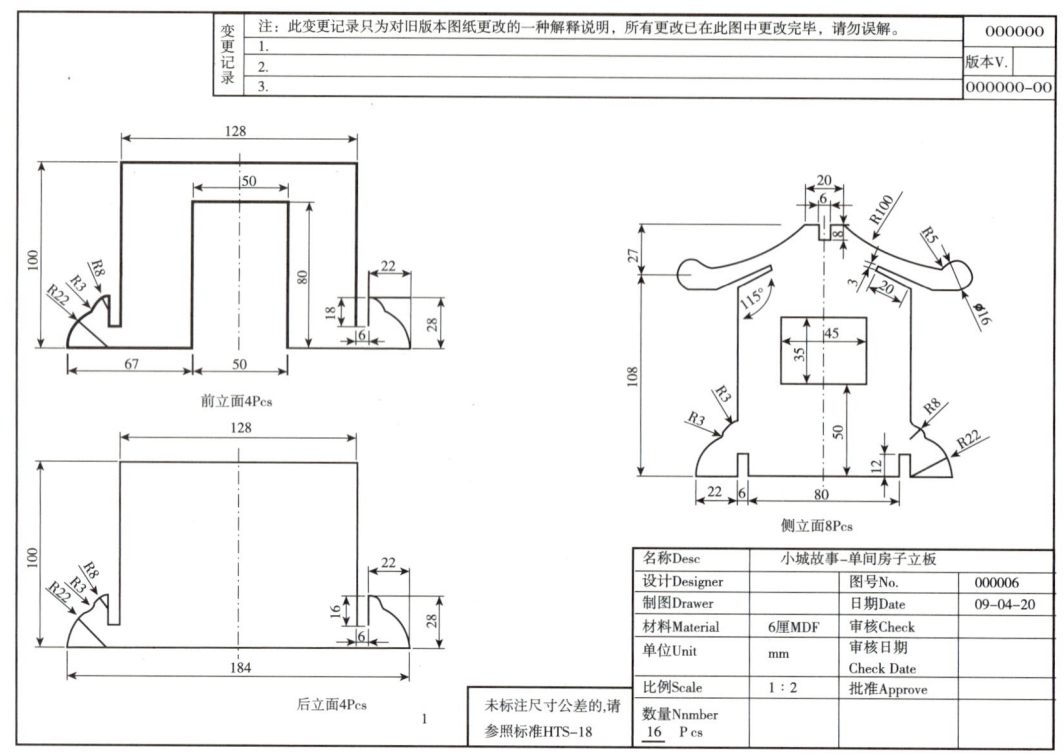

图 8-6　乙组加工图纸样图

从甲、乙两组学生的加工图纸的样图可以看出，基本符合规范，但也有个别问题存在，比如，排孔的坐标安排没有明确标示等。

（3）样品的制作及检测。

样品的制作一般分为下料及裁剪、砂光、涂饰、烘干、组装等几个过程。由于做色漆的过程前一般要做底漆，所以在底漆烘干后必须先再次砂光才能做面漆。如表 8-3 为甲、乙两组学生制作样品过程的对比。

表 8-3　　　　　　　　　甲、乙两组模型制作过程对照表

序号	步骤	照片 甲组	照片 乙组	说明
1	下料及裁剪			甲组用CNC成型，乙组用线锯手工成型
2	砂光			分粗砂和细砂，要注意木材的倒刺
3	涂饰			底漆干燥后需要重新砂光才能上面漆
4	组装			小的连接件要安装牢固，避免脱落

图 8-7 和图 8-8 为甲、乙两组学生最后模型的照片，从照片中可以看出，两组学生的模型基本都达到了前期设计的要求。

图 8-7　甲组模型

图 8-8　乙组模型

4. 设计方案的评价

对比甲乙两组的最终的方案，可以得出以下结论。

（1）甲组因为目标明确，绝大多数时间都用在结构的研究及生产的实现上，致使最终效果较佳，生产的可行性及市场前景明显优于乙组；而乙组经过大量的前期调研，提出了可供探索的方向，但在设计目标确定的过程中，没有经过系统而充分的论证，致使创作过程困难重重。

（2）乙组通过大量的调研，锻炼了学生整合信息的能力，尽管最终方案略显不足，但能提出基于中国本土文化的木制场景玩具设计的思想值得表扬与借鉴。

（3）从教学效果方面考量，两种课程设计提案各有优点，均能锻炼学生的创新能力，体现木制玩具设计的特点。尤其是通过模型制作，让学生了解了木材的基本成型方法及在成型的过程中所要面对问题。同时，手工制作与企业的机械加工有很多不同，这需要教师在方案的跟进过程中与学生多沟通，分析各自的特点及应注意的问题。

8.3.2　限制产品的设计 1

1. 实训案内容

该实训案的内容主要是改良一款空气清新机，原产品如图 8-9 所示。

 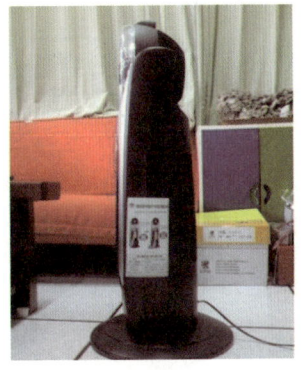 

图 8-9　需要改良的空气清新机

图 8-10 为空气清新机的拆解后的内部机构图。材料课程教学中，应注重学生对产品结构的了解及对尺寸的精确把握程度，通过拆卸、测量、组装产品，有利于学生对该过程的了解。

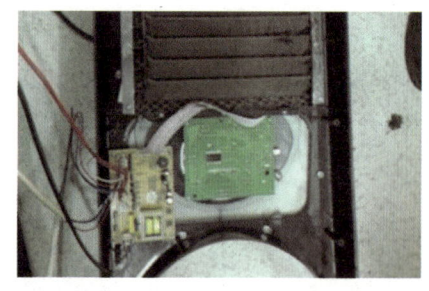  

图 8-10　空气清新机结构图

2. 方案演化过程

图 8-11 为设计方案的前期构思图，产品设计中，教师应该注重对学生构思过程完整性的训练，即构思方案的推敲过程，不能一蹴而就直接定案。

图 8-11　空气清新机的构思图

图 8-12 为最终设计效果图，提倡学生用自己熟悉的表达方法或软件表现最终效果。但教师应着重对方案中材料、结构等设计要素的应用优劣进行评价。

3. 材料与工艺的选择

因为此款空气清新机是通过竹炭网的过滤及吸附功能而达到空气净化效果的，所以在外壳的设计上采用竹纹 PVC 贴膜，用以展示产品的功能特点；水槽采用半透明 PMMA 塑料，方便消费者观察水位；其他壳体材料采用 ABS 塑料，便于加工。

图 8-12　空气清新机的效果图
（设计者：李源枫　陈旻）

8.3.3　限制产品的设计 2

1. 实训案内容

设计一个系列适合年轻人使用的隐形眼镜护理盒。

2. 方案演化过程

方案演化过程如图 8-13 ～图 8-15 所示。

图 8-13　隐形眼镜护理盒的构思图

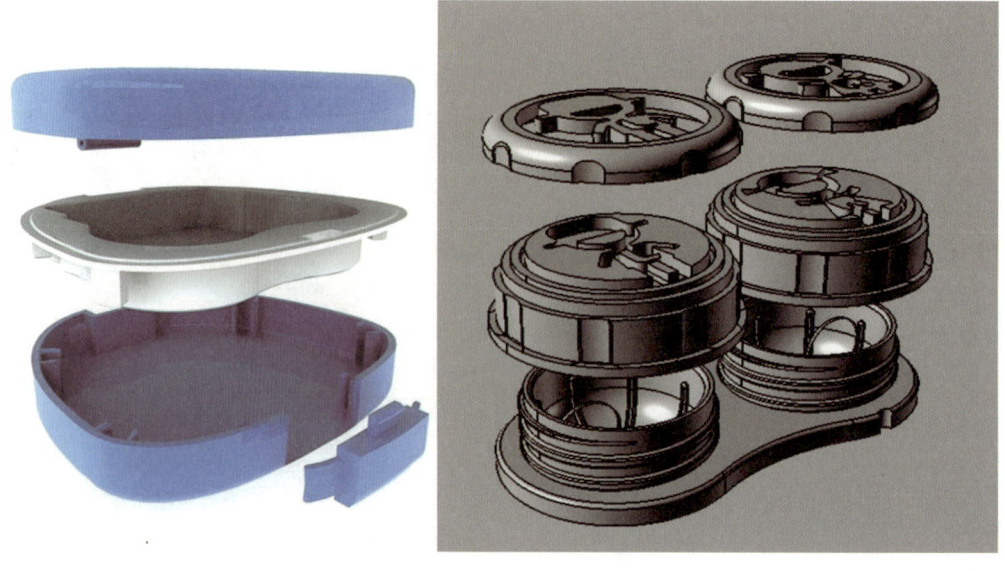

图 8-14　隐形眼镜护理盒的结构图

图 8-15　隐形眼镜护理盒的效果图
（设计者：周颖等）

3. 材料与工艺的选择

隐形眼镜护理盒采用的材料是 ABS。ABS 塑料着色性能优、光泽度好，尺寸稳定，且价格相对低廉。

药水瓶采用的材料是聚丙烯（PP）。PP 具有非常优异的耐弯曲疲劳性，能经受几十万次的折叠弯曲而不破坏，很适合于铰链及挤压类产品。

为了保证产品的卫生、安全，镊子采用双色模注塑工艺，利用 ABS 材料包胶，可以实现镊子的双色效果。同时可以改善使用时的手感，减少装配工序，提高产品的卫生程度。

4. 其他设计作业展示

双色双联、ABS 材质，表面 UV 喷涂（见图 8-16）。

ABS 材质，上盖嵌套结构，超声波焊接工艺（见图 8-17）。

图 8-16　方案一
（设计者：黄国晓）

图 8-17　方案二
（设计者：岑成）

PP 材质，外壳一次成型（见图 8-18）。

图 8-18　方案三
（设计者：徐晶）

8.3.4　限制主题的设计

1. 实训案内容

社区是生活在一定地域内的个人或家庭，出于对政治、社会、文化、教育等目的而形成的特定范围，不同社区间的文化、生活方式也因此区别开来。请以"社区"为中心展开联想，并结合实际，设计一个产品，题目自拟。

2. 方案的演化过程

方案的演化过程如图 8-19 所示。

经过分析，团队将开发一种命名为"指尖上的邻里"的门禁系统。该产品必须能够给予目标客户一个充分交流的平台。创造一个有利于目标客户有效、便捷的社交平台；满足社区居民对生活品质的追求；同时给予他们更多的帮助（见图 8-20）。

图 8-21 为最终设计效果图，该产品采用 ABS 外壳，铝合金框边，时尚大方。

产品设计材料与工艺

1. community 什么是社区

来源 德国社会雪茄F·滕尼斯于1881年首先使用"社区"这一名词(一般译为"共同体""团体""集体""公社"等),当时是指"由具有共同的习俗和价值观念的同质人口组成的、关系密切的社会团体或共同体"。
——摘自《百度百科》

本质强调 — 共同的习俗 价值观念 同质 关系密切

现代人对社区的理解 强调地域的共同体(即具有共同的居住地,即"在一个地区内共同生活的人群")。
——摘自《百度百科》

2. State description 状态描述

他们入住于中高端的楼房
生活忙碌辛苦压力大
他们刷微博,上QQ,发状态,参与虚拟社区活动
他们寻求交流,希望被关注
但是
他们忽视身边的现实社区的活动
忽视身边应该关怀的人
忽视身边的资源

3. 4.

5. Value opportunity analysis 价值机会分析

社区环境　社区治安
　　　四个参数
社区娱乐　社区服务

6. 价值机会分析汇总表 Value opportunity analysis

机会描述 Opportunity Describe

7. SET

Social — 关注自己的生活,有自己的生活圈子 缺少突破人际关系的社会活动 工作压力相对较大

Economic — 有稳定的收入 原理追求并有能力去提高自己的生活品质

Technology — 有一定的文化水平,愿意接受现代的科技产品

8.

自定义资讯网 — 做一个咨询门户网站。用户注册后可以根据自己的喜好增加自己喜欢的资讯,屏蔽掉自己不感兴趣的模块。该网站本质属于一个资讯类的门户网站,但对于用户来说,缺是个自由的,自己感兴趣的资讯网

楼层门禁对讲系统的改良 — 在门禁系统上加载现实中的交流平台。可以通过这个平台互相留言,增进小区邻民间的邻里关系,方便居民生活,拓展居民的社交范围,丰富居民的生活,同事,方便物业管理。

创意生活体验馆 — 在创意生活馆里可以体验大型家居产品的使用,如果喜欢可以直接购买,可在网上发布各种活动,比如,可以听沙发爷的故事,看电影,还设有咖啡吧,酒吧,桌游吧,给人们提供一个交流的平台。

图 8-19 主题的联想图

9. 产品理念

注重沟通,改变现金冷漠的邻里关系。为陌生人之间的交流提供一种更自然更轻松的沟通方式。构建一个真实的社交网络。

10. 产品风格

造型要体现出网络社交的功能

造型简洁大方可被普通大众接受

和周围环境相协调

产品造型体现安全感可靠感

图 8-20 设计理念

图 8-21 设计效果图
（设计者：段伟康、林丹慧等）

8.3.5 其他实训案例

（1）公共休息座椅设计。

图 8-22 是一款公共休息座椅设计，安装在沿街的墙面上，主要材料为不锈钢和涤纶。使用时只需拉下座椅，就能成为临时休憩的平台，人离开后，座椅能靠涤纶的弹性恢复原状，不占用行走的空间。

图 8-22 公共休息座椅
（设计者：郑龙海等）

（2）情趣音响设计。

图 8-23 为情趣音响设计，形如正戴着耳麦享受音乐的人，主体部分为 ABS 塑料，轻巧易加工，"耳麦"部分为亚克力（PMMA）塑料。根据需要，该产品有三个颜色系列供消费者选择。

（3）室内公共休息椅设计。

图 8-24 为室内公共休息座椅设计，考虑特定情况的需求，经过简单的组装，能转换成一款轻巧的轮椅，主要材料为铝合金和 PVC 塑料，有效减轻产品的自重。

图 8-23　情趣音响
（设计者：刁成新等）

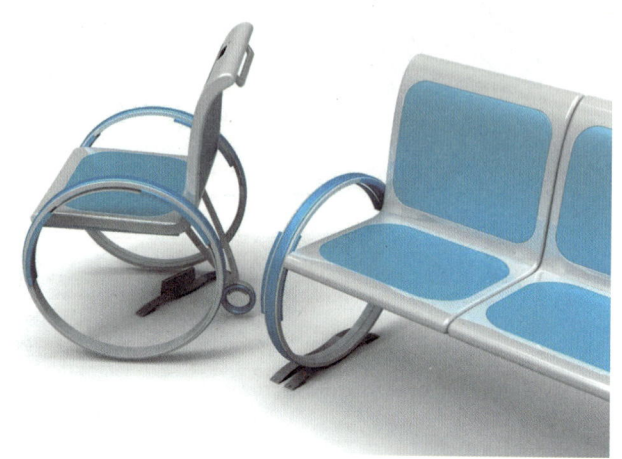

图 8-24　室内公共休息座椅
（设计者：饶剑玉等）

（4）盲人导航仪。

图 8-25 是一款盲人导航仪，形如一匹导盲犬，该产品利用颜色识别技术带领盲人按照规定颜色的线性行进。导盲棒部分可以拆卸和伸缩，便于使用和收纳。主要材料为 ABS 塑料和橡胶。

（5）多功能坐具设计。

图 8-26 是一款多功能坐具设计，采用橡木制作，稳重而时尚。不需要的时候可以叠放，成为一个展示道具。

图 8-25　盲人导航仪
（设计者：林丹慧　陈旻）

图 8-26　多功能坐具
（设计者：赖胜利等）

（6）浮屠—中式餐盘设计。

图 8-27 为陶瓷中式餐盘设计，"看见这么多盘子，下次您还会点那么多菜吗？"作者利用视错觉，

通过简单的线条勾勒出产品使用时的意境。

（7）陶瓷餐具设计。

图 8-28 是餐具系列设计，利用颜色釉的自然流动感觉装饰，简洁明快。

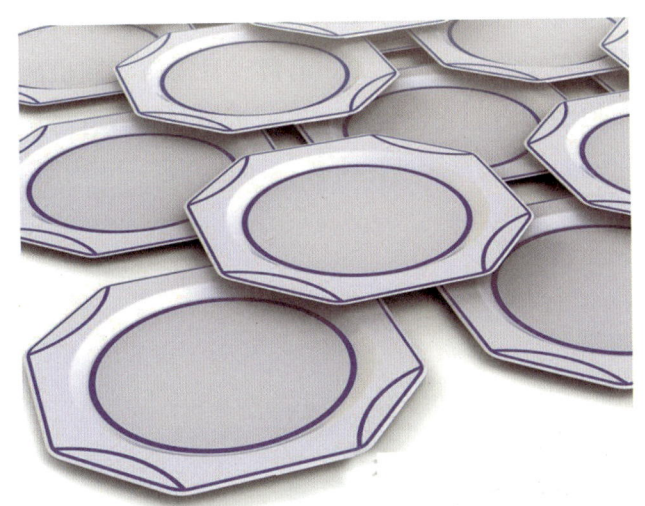

图 8-27　浮屠－中式餐盘设计
（设计者：赖胜利等）

图 8-28　陶瓷餐具设计
（设计者：蓝銮滋等）

（8）护肤天使——家用水果面膜制作机。

爱美之心人皆有之，尤其是女性，这款面膜制作器可以满足广大爱美女性美容养颜的需求，其利用家庭常用水果、蔬菜等原料，经过研磨、过滤、冷却定型等过程，完成水果面膜的制作。主要材料采用 ABS 塑料，表面采用电镀和涂饰等装饰工艺（见图 8-29）。

（9）手动应急净水器。

该款急用净水器无需用电，手动摇动压杆抽水，使静置一段时间过滤后的水经过机内部循环净水滤过，除去水中含有的杂质和有害物质，达到饮用水标准。十分低碳环保。外壳采用 PVC 塑料，内胆为半透明 PE 塑料（见图 8-30）。

图 8-29　家用水果面膜制作机
（设计者：杜思聪等）

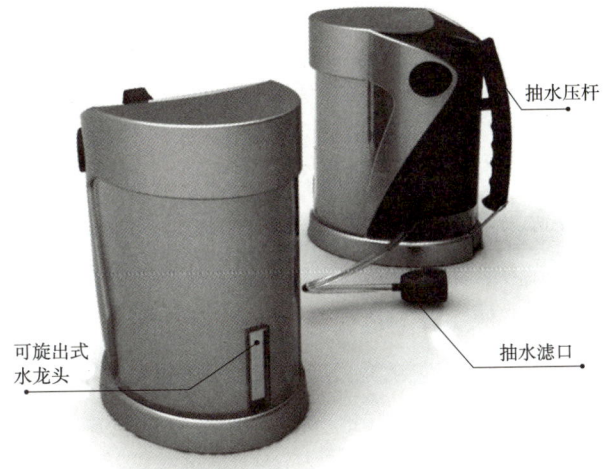

图 8-30　手动应急净水器
（设计者：徐晶等）

（10）CTRL-C 家庭果酒复制机。

现代人越来越追求品质生活，生活中喝水果酒是经常的事，但是目前市场上酒类品种繁多，再加上这种酒一般价格偏贵，所以人们总是欲买又止。

有了这款酒类复制机（见图 8-31）。消费者只要在市场上买一瓶酒，或者在其他场合尝到了一种酒的味道，便可以根据自己的需要随心所欲的酿制自己喜欢的口味的果酒。消费者只需将复制机的检测棒的头部轻轻浸入你喜欢的某种酒，再将它插入检测槽内，它便可帮助你分析酿制此酒所需材料，你只需准备这些材料就可以了。此外，你还可以根据自己的口味进行调制，简单方便。PE 内胆，ABS 外壳。

图 8-31　CTRL-C 家庭果酒复制机
（设计者：高菁　林正纯等）

（11）灵犀·意影——互动式旅游体验终端。

图 8-32 是一款满足人们全方位旅游体验的设计。它由三部分组成的——成像仪、信息接收器、耳麦摄像头。它的整体感觉是一个圆形的简约时尚的造型。可以根据不同的使用需求将它拆分成几个部分，是为满足那些没时间或者因为各种原因而无法亲自去旅游的人们设计的。在外面旅游的人可以带上耳麦摄像头让它随着你的视线进行拍摄，而在家中的你可以带上成像仪感受四维效果的体验，就像你亲自在旅游地游玩，如果觉得那边好玩可以亲身去体验，如果觉得一般般，那么换个地方去旅行吧。这样就可以让你更好地选择自己想去的地方。

（12）安全卫士——家用超声波洗鞋机。

"安全卫士"专为家庭设计，采用超声波技术，避免了加入洗涤剂而带来的环境污染。是一款不用洗涤剂的洗鞋机。为您的家庭卫生保护导航。外壳采用 ABS 塑料，上盖采用茶色有机玻璃，方便观察清洗情况及进度（见图 8-33）。

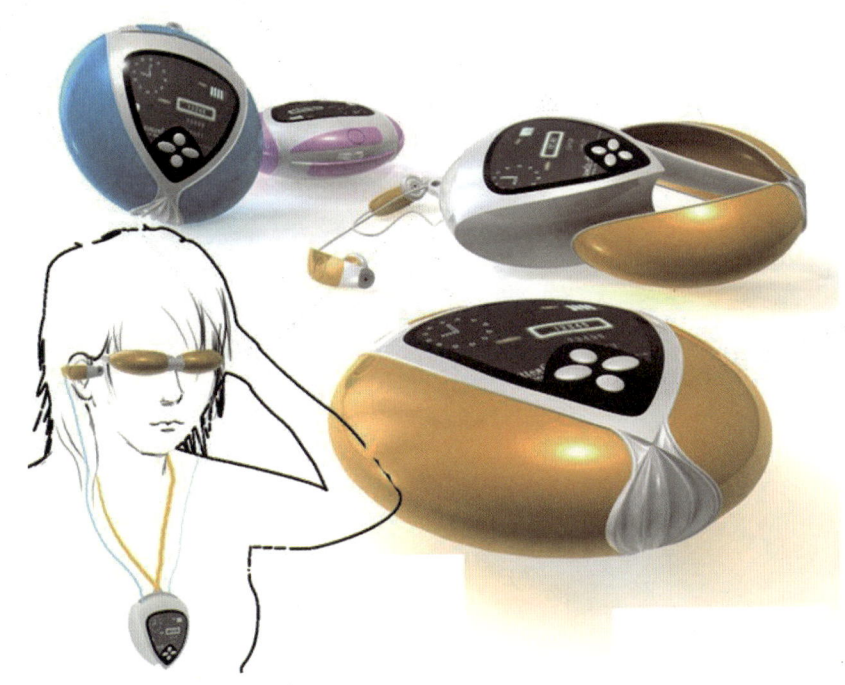

图 8-32　灵犀·意影——互动式旅游体验终端
（设计者：刘俊　沈燕　王丽）

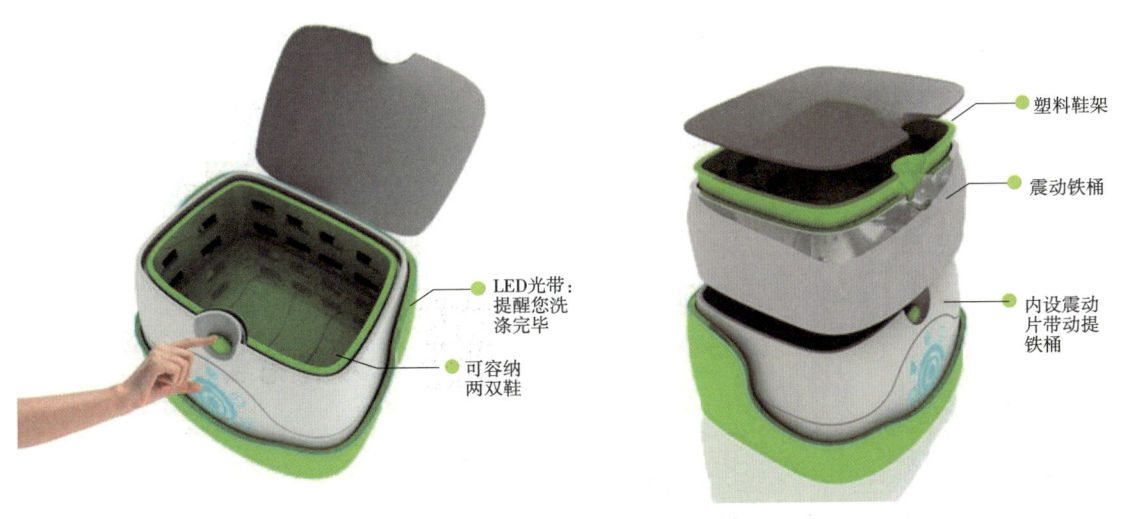

图 8-33　家用超声波洗鞋机
（设计者：李源枫等）

（13）导盲全——盲人电子书。

图 8-34 是一款盲人电子书，"导盲全"内有大量的书籍资料，轻薄小巧。让盲人也能随时随地，轻松、安静地阅读。该产品设计在人机交互方面充分考虑了盲人的操作习惯，增加了"翻页""定位""查找""语音识别"等功能。

（14）厨房调味品搁置架。

图 8-35 是一款厨房调味品搁置架，采用莲花造型，方便观察和拿取，主要采用不锈钢材料。

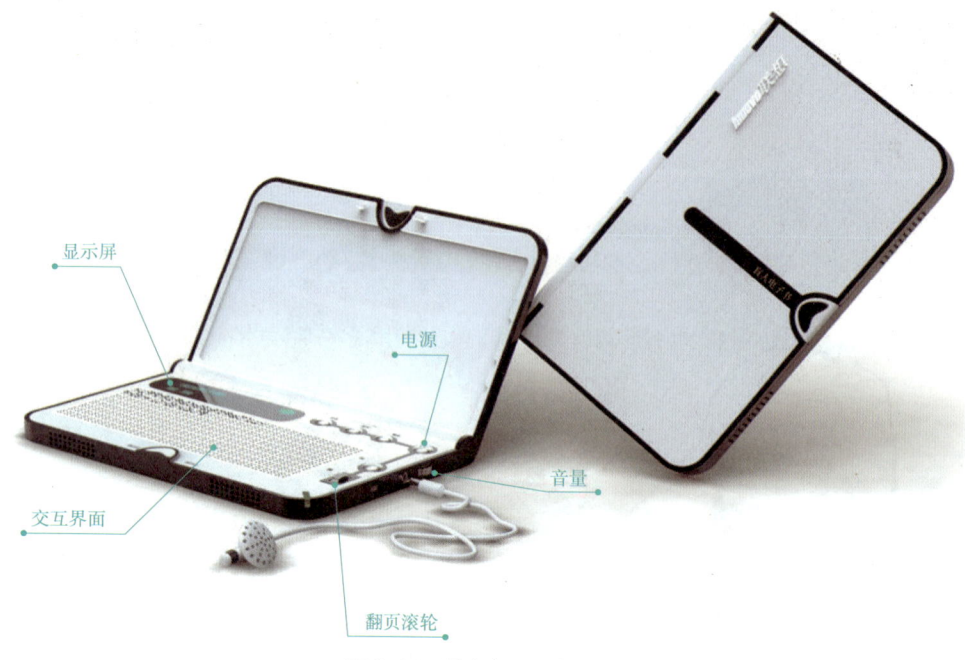

图 8-34 导盲全——盲人电子书
（设计者：秦炎炳等）

图 8-35 厨房调味品搁置架
（设计者：黄艺等）

（15）纸质灯具。

图 8-36 是两款纸质灯具设计，课题主要是用以考察学生对材料结构的认知，要求整个产品制作过程中只能用 A4 复印纸，不能用其他任何材料，包括胶水、胶布等。成果检验方法也比较简单，用一只 100W 的白炽灯点燃 1h 左右，需要保证纸质的结构件不能有烤焦的痕迹，更不能燃烧。

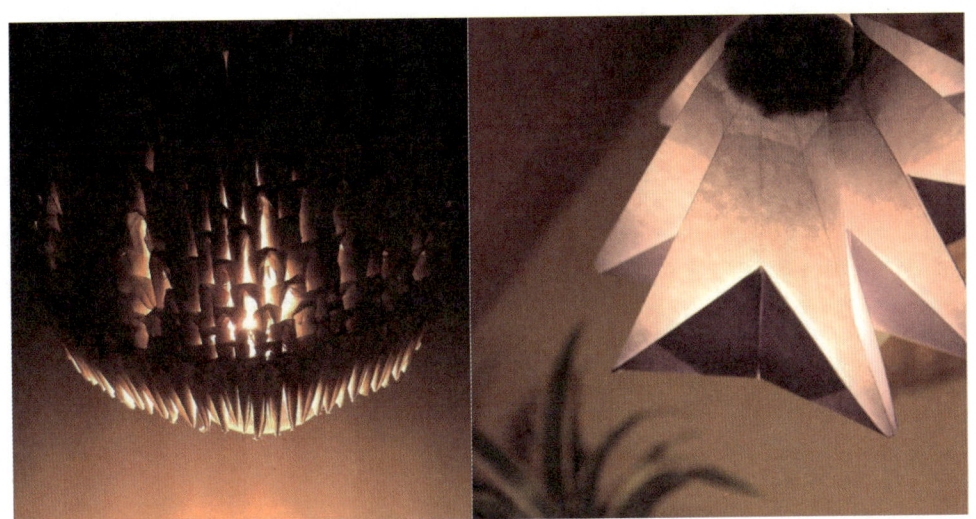

图 8-36 纸质灯具设计
（设计者：朱夕夕等）

参考文献

[1]　江湘芸.设计材料及加工工艺（修订版）[M].北京：北京理工大学出版社，2010.

[2]　王玉林，苏全忠，曲远方.产品造型设计材料与工艺[M].天津：天津大学出版社，1999.

[3]　何晓佑.设计问题[M].北京：中国建筑工业出版社，2003.

[4]　陈思宇.基于木制玩具设计的教学实践研究及应用[D].杭州：浙江理工大学，2010.

[5]　程能林.产品造型材料与工艺[M].北京：北京理工大学出版社，2002.

[6]　张锡.设计材料与加工工艺（第二版）[M].北京：化学工业出版社，2010.

[7]　邹继强.塑料制品及其成型模具设计[M].北京：清华大学出版社，2005.

[8]　郁文娟，顾燕.塑料产品工业设计基础[M].北京：化学工艺出版社，2006.

[9]　张晓明.木制品装饰工艺[M].北京：高等教育出版社，2002.

[10]　陈思宇.木制玩具设计发展趋势探索[J].新西部，2009，（8）：152.

[11]　张耀引，任新宇.工业设计常用材料与加工工艺教程[M].南宁：广西美术出版社，2009.

[12]　王东升.金属工艺学[M].杭州：浙江大学出版社，2001.

[13]　梁炳文.机械加工工艺与窍门精选[M].北京：机械工业出版社，2005.

[14]　唐英.陶瓷工艺[M].重庆：重庆大学出版社，2009.

[15]　金文伟，冯薇娜.陶艺手工成型[M].武汉：武汉理工大学出版社，2008.

[16]　张明，汪莉.产品速查手册[M].上海：上海人民美术出版社，2007.

[17]　沈隽.木材加工技术[M].北京：化学工业出版社，2005.

[18]　张晓明.木制品装饰工艺[M].北京：高等教育出版社，2002.

[19]　甄建恒.设计米兰[M].济南：山东人民出版社，2012.

[20]　张绍明.木材加工工艺[M].北京：高等教育出版社，2002.

[21]　邱春生，武永亮.木材制品加工技术[M].北京：化学工业出版社，2006.

[22]　刘恩永.人造板生产工艺[M].北京：高等教育出版社，2002.

[23]　齐宝森，等.21世纪新型材料[M].北京：化学工业出版社，2011.